·中小学语文新课标推荐阅读名著

昆虫记

谭旭东 主编   ［法］法布尔 著

青岛出版社
QINGDAO PUBLISHING HOUSE

图书在版编目（CIP）数据

昆虫记/（法）法布尔著；谭旭东主编 . —青岛：青岛出版社，2019.2
（中小学语文新课标推荐阅读名著：彩色插图版）

ISBN 978-7-5552-7507-7

Ⅰ.①昆… Ⅱ.①法… ②谭… Ⅲ.①昆虫学—青少年读物 Ⅳ.① Q96-49

中国版本图书馆 CIP 数据核字（2018）第 198991 号

中小学语文新课标推荐阅读名著（彩色插图版）
昆虫记

书　　名	昆虫记	
主　　编	谭旭东	
著　　者	［法］法布尔	
编　　绘	央美阳光	
出版发行	青岛出版社（青岛市海尔路 182 号，266061）	
本社网址	http://www.qdpub.com	
策　　划	张化新	
责任编辑	赵培慧　刘璐阳	
美术编辑	张　晓	
印　　刷	深圳市福圣印刷有限公司	
出版日期	2020 年 6 月第 2 版　2020 年 6 月第 2 次印刷	
开　　本	16开（710mm×1000mm）	
印　　张	14	
字　　数	200 千	
印　　数	15001—25000	
书　　号	ISBN 978-7-5552-7507-7	
定　　价	28.00 元	

编校印装质量、盗版监督服务电话　4006532017　0532-68068638

让经典滋润心灵

青少年课余时间应该读什么？根据我的了解，针对这个问题，会有3种不同的回答：

第一种是认为什么书都可以读，读杂书，甚至一些流行的、低级趣味的书也可以读。持这种看法的人不少，尤其是年纪比较大的一些作家往往喜欢这么回答。这样的作家通常是小时候家庭条件比较差，没什么好书可以读，只好看到什么书就读什么书。他们长大后，发现自己也没变坏，甚至还会写点儿东西，于是就想当然地对青少年说："其实，读点儿坏书也无妨。我小时候就读了很多坏书，不也没有变坏吗？"仔细想一想，这样的话是经不起推敲、不可以轻信的，因为他们没法告诉大家：有的人读了坏书，真的变坏了；或者说，读了坏书，浪费了可贵的时间。他们也许应该说：要是不读坏书，也许会更好。

第二种是认为要读知识类读物，多学知识。持这种看法的人通常愿意买大量的科普读物、名人传记等类的书给孩子读，认为读书一定要学知识，把知识学习当成读书的第一要义。这种人，在孩子小的时候，特别喜欢让孩子背诵唐诗、宋词、诸子百家经典，也特别喜欢让孩子读拼音读物。他们把所读的书当作课本一样。我不反对读科普书，不反对读知识类读物，但一味强调学知识并不正确，至少是没有理解读书到底是什么。其实，读书，先是有所感受，然后有所感悟，再有感动和理解。在理解的基础上，想象力张扬，精神得到舒展，思想得到提升。经历了这样的读书过程，读书自然就有了知识学习的结果。

第三种是认为要读经典名著。我比较赞成这种观点。青少年读经典名著，有4个好处：一是给语文学习奠基。童年的阅读是最初的语文学习。读书的最初阶段就读经典，起点高，起步好，早早接触到好的文字，对以后的语文学习和阅读能力的提升是非常有益的。一般说来，爱读经典，也读了很多经典的孩子，读写能力差不了，因为经典是最好的文字，理解了最好的文字，读和写就不算什么难事了。当然，经典和名著还有一点区别，即并不是所有的名著都是经典。经典是经过几代人的阅读和欣赏而留下来的好文字。但是，名著有的只是有名，或者在某一个阶段有名。有的名著是"时代经典"，不是"永恒的经典"。因此，一般说来，最好是读那些被时间检验过的经典。二是读经典名著是认识世界和感悟人生的有效手段和方式之一。世界很大，也很复杂；人生也是五彩缤纷、跌宕多姿。一个人不可能事事都亲身实践，到实地去考察与学习，所以读书就是了解世界、社会和人生的好办法。简而言之，读书是一种很好的自我教育。三是读书丰富人的情感。每一个写书的人都是信任文字的，至少他认为文字可以表达他的内心，可以传达他的喜怒哀乐。因此，写作本身就是情感的传达，而读书就是与作者交流。读文学作品，尤其是读文学经典，很容易进入情境、体验角色，找到作品里的一个"我"——这就是情感共鸣。有了共鸣，读书也就变成了情感交流，就变成了心灵的洗礼。所以，爱读书、读好书的人情感会变得丰富，而且更富有爱心、同情心和悲悯情怀。四是如果将读书变成了一种生活习惯，那就意味着完成了向文明人的蜕变。一个文明人与自然人的最大区别，我想就是"腹有诗书气自华"的气质与素养。读经典名著，人会更优雅，更智慧，更文明。

这套中小学语文新课标推荐阅读名著（彩色插图版）（40册），有部编版教材"快乐读书吧"必读书目及教育部"2020年全国中小学图书馆（室）推荐书目"中的部分图书。在类别上，这套书有小说，有童话，有传记，有散文，有动物文学，有探案故事，可以说文体多样、主题多样、文化背景多样、创作风格也多样。读这些书的体验与收获自然也是多样的。

青少年时代是人生最美好也最珍贵的阶段，多读经典名著，正是珍惜韶光的方式。新编的中小学语文教材已经在国内大范围地使用，语文学习发生了很大变化，那就是课文设计强调阅读与理解，而考试则强化了对阅读和写作能力的检测。因此，课外多读经典名著，自觉培养阅读理解能力和写作能力，是非常必要的。

我个人觉得：语文学习培养的就是读写能力。不读经典名著，怎么会有好的语言理解能力？没有好的语言理解能力，怎么会有好的语言表达能力呢？因此，读写结合是语文学习的核心，而读与写的能力是检验语文能力的标志。总之，提倡青少年读经典名著是没错的。希望本套经典名著能够得到青少年读者的喜爱，并有助于他们快速提高读写能力！

谭旭东

目/录
CONTENTS

我的荒石园

生活在乡下的小朋友对野外探险想必并不陌生，法布尔也是这样一个人。那么，在他的童年生活中，他做过哪些有趣的事情呢？这些事情对他日后的工作产生了哪些影响呢？

一

我从小就喜欢大自然，喜欢观察植物的生长，喜欢观察昆虫的习性。这确实是从我的祖辈那里遗传下来的，我的父亲和我的爷爷，包括我的太爷爷，都是乡下人。农村离大自然很近，农夫通常很熟悉庄稼的生长规律，也知道那些野生植物什么时候生长、什么时候繁茂、什么时候枯萎。他们也很了解动物，比如了解自己家里的狗和鸡，了解天上的飞鸟，也了解那些昆虫。受家庭的影响，我从小对大自然就有浓厚的兴趣，第一次找到鸟巢和第一次去采蘑菇的情景至今记忆犹新，那时的高兴劲儿至今都难以忘怀。

记得有一天，我去爬我家附近的一座山。在那座山的山顶上有一排树。从我家的小窗子里往那边看，可以看到那些树安详地站在那里。可是，一遇到大风天，那些树就会被大风吹得东倒西歪。要是晴天，有时还能看到太阳在树梢上闪着耀眼的光芒。我早就想跑

到那座山的山顶上去看一看了。于是，我沿着山坡往上爬，爬了好长时间，每走几步就会往上看看，总是想着能早点儿爬到山顶。

忽然，一个东西从我的脚边一闪而过，我发现那是一只十分可爱的小鸟。我猜想这只小鸟一定是从旁边的一块大石头上飞下来的。很快，我就在那块大石头的后面发现了这只小鸟的巢。这个鸟巢是用干草和羽毛做成的，里面还静静地放着6个鸟蛋。这些鸟蛋呈现出美丽的蓝色，就像是天空的眼睛一样。这是我第一次找到鸟巢，我高兴得不得了。于是，我伏在草地上，屏住呼吸，认真地观察起来。

这时候，那只雌鸟十分焦急地在我头顶飞来飞去，还"咕咕"地叫着，似乎想把我从鸟巢边引开。我当时年龄还小，不知道它是在为什么而焦急，我心里打着自己的如意算盘：先拿走一个蓝色的蛋，带回家里作纪念；过两个星期之后再过来，把整个鸟巢都端走——趁着这些小鸟还不能飞的时候，把它们全部抓走。我把蓝色鸟蛋拿在手里，又垫上一些青苔，小心翼翼地往家走。走到山脚下的时候，我恰巧遇见了村里的牧师。

他一见到我就问道："嚯！一个萨克斯高勒鸟的蛋！你在哪里捡到的？"

我把自己拿鸟蛋的经过告诉了他，还对他说："等到小鸟都孵出来后，我要把它们全抓走。"

"我的孩子，你不能那样做。"牧师教导我说，"你不应该那么残忍，去抢那只可怜的雌鸟的孩子。你应该让那些小鸟长大，它们可以捉害虫。如果你想要做一个好孩子，那就答应我，以后再也别去碰那个鸟巢了。"

牧师的话给了我很大的启发：首先，我知道了偷鸟蛋是件残忍

一只十分可爱的小鸟从我的
脚边一闪而过。

的事；其次，我知道了动物同人类一样，它们也有各自的名字。

于是，我问自己："那些在树林里、在草原上的小动物叫什么名字呢？'萨克斯高勒'是什么意思呢？"

几年以后，我才知道"萨克斯高勒"的意思是"生活在岩石之间"。这种鸟确实是这样，我是在大石头边上发现那只雌鸟的，也是在大石头后面发现鸟巢和鸟蛋的。此后，我就开始打听各种动物的名字。就这样，牧师无意中说出的一种鸟的名字，给我打开了一个新世界的大门。

我第一次去采蘑菇的经历也让我难以忘怀。那是在一片小树林里。在我们的村子旁边有一条小河静悄悄地流过，那片小树林就在

我经常去小树林里采蘑菇。

小河的对岸，树林里多是光滑笔直的山毛榉树，就像一座座高高耸立的塔，潮湿的地上铺满了青苔。一天，就在这片小树林里，我看到了一个小蘑菇。它刚刚长出来，乍看上去，就像是一枚白色的鸡蛋。周围还有许多其他种类的蘑菇，形状各不相同，颜色也很不一样。有的长得像纺锤；有的长得像草帽；有的长得像灯罩；有的如果被弄断了，会从里面流出乳白色的黏液；有的会在我踩碎它们的时候变成蓝色。

我经常去小树林里采蘑菇，这让我学到了很多书本上没有的知识。树上的小乌鸦似乎也对蘑菇感兴趣，每当我到小树林里采蘑菇的时候，它都会飞到我的身边，盯着我手里的蘑菇。

后来我上学了，但我对大自然的兴趣依然没有减弱。在帮老师割草的时候，我发现了青蛙，并开始观察这种动物。在收核桃的时候，我和田野里的蝗虫玩耍。起初我觉得学语文很枯燥，后来父亲给我买了一本带图画的书，书的前几页是教孩子认识字母，每一个字母占一个格子，每个格子里面画着一种动物，从此我的语文成绩进步很快。正是这些动物引起了我对语文的兴趣。

二

后来，我上了师范学校，之后如愿以偿地成了一个小学自然老师，于是我可以继续对动物和植物进行研究了。我一直有一个愿望，就是在野外建立一个自己的实验室。可是我很穷，每天都在为温饱问题而发愁，拥有一个自己的实验室的梦想遥不可及！40年来，我一直都怀有这个梦想：凭借自己的努力，拥有一块小小的土地，在上面建起我自己的实验室，从此以后不用去远处旅行，在那

里我就可以进行观察和实验，用秘密语言和我的动物朋友们交流。

如今，我终于实现了这个愿望。在一个幽静的地方，我得到了一块并不大的土地，它成为实现我梦想的园地。这是一块荒石园，当地人叫它"阿尔玛"，意思就是"一片荒芜之地"。这里到处都是石头，土地也很贫瘠，除了百里香，什么都长不出来。到了春天，如果碰巧下了点儿雨，在那些乱石堆里也是可以生长出一些小草的，然后羊群就会到这里吃草。这块贫瘠的土地是我一直梦想得到的，我想把它建成自己的昆虫实验室，在这里观察昆虫，探索自然，得到新的发现，在昆虫研究上有所成就。

不久后，我发现荒石园里的乱石之间掺着一些红土，并且看得出曾经有人在这里耕种过作物。有人曾告诉我，以前在这里种过一些葡萄树，于是我感到十分懊恼，因为原来的那些植物现在已经没有了，现在这里既没有薰衣草，也没有百里香。这两种植物对我很有用，因为膜翅目昆虫可以从中采集自己需要的东西，所以我想在荒石园里多种一些植物。

如今，我的荒石园里长满了犬齿草、矢车菊，以及西班牙刺桐——一种有着橘红色的花朵，并且有硬爪般的花序的植物。比西班牙刺桐还高的是伊利大刺蓟，那笔直硬朗的枝干有时能长到两米多高，而且末梢还长着硕大的紫红色绒球，上面带有尖利的小刺，真是武装齐备，让采集植物的人难以下手。荒石园里还生长着一些荆棘，结着淡蓝色的果实，长长的枝条延伸到了地面上。假使你不穿上半高筒皮靴就来到这遍布荆棘的地方观察蜜蜂，那你的脚肯定会被划破，弄得又痒又疼。

这就是我奋斗了40年所得到的属于我的迷人乐园。

我的这个乐园虽然既奇怪又冷清，但它是无数膜翅目昆虫的天堂，我以前可从来没有在哪个地方见到过这么多的昆虫。"各行各业"的昆虫都以这块地为家，有以捕食活物为生的"猎人"、搅拌泥土的"泥瓦匠"、剪切花叶的"材料工"、制造纸板的"建筑师"，也有钻木头的"木匠"、挖掘地下隧道的"矿工"……"各行各业"的昆虫都有。

看！这里有一种精通缝纫技术的黄斑蜂。它剥下开有

荒石园是昆虫的天堂。

黄花的刺桐的网状线，然后在上面刮来刮去，刮出一个小绒球，再骄傲地用嘴把小绒球叼走，放到地上，做出一团棉絮一样的东西。它准备用这团东西来储藏自己的蜜和卵。那儿有一群切叶蜂，在它们的肚子下面有颜色各异的花粉刷，有黑色的、白色的，也有血红色的。它们打算从这些蓟类植物丛中飞出去，飞到邻近的小树林中，从树叶上剪下圆形的小叶片来包裹它们的收获——花粉。那儿还有一群穿着黑丝绒衣的石泥蜂，它们的职业是加工水泥与沙石。在我的荒石园的石头上，随处可见它们建造起来的房屋。有一种壁蜂很善于为自己的孩子搭建房屋。它们有的把窝巢搭在空蜗牛壳的螺旋壁上；有的则把自己的幼虫安置在干燥的荆条的木髓里；有的把折断的干芦苇的沟道当作自己的家；有的就住在高墙石缝的隧道里，简直就是乐享其成。有的蜂头上长着长长的触角，如大头蜂和长须蜂；有的蜂后腿上长着刷子，用来采蜜，如毛斑蜂。

　　我的荒石园的墙壁建好了，四处堆放着石子和细沙，这些全是泥瓦匠们遗弃的，渐渐地就被各种膜翅目昆虫当作了自己的家。石蜂选择石头的缝隙作为它们晚上睡觉的地方。粗壮的斑纹蜂若是遇到了袭击，甚至当有人或动物一不小心压到它们的时候，就会扑上去还击，无论对方是人还是狗。它们挑选了比较深的洞穴作为自己的家，以防受到金龟子的袭击。白羽毛、黑翅膀的鹟鸟看上去像是黑衣僧，站在石头顶上唱着走调的歌曲。那些藏有天蓝色的小鸟蛋的鸟巢，一般是在离鹟鸟站着的石头不太远的石头堆里。当石头被人搬动的时候，站在上面的那些小黑衣僧马上就飞起来，不一会儿就无影无踪了。我对这些小黑衣僧的离开感到十分惋惜，因为它们是很招人喜欢的小邻居。至于那些长耳斑纹蜂，我一点儿也不喜欢它们，因此即便它们走了我也一点儿不觉得遗憾。

在沙土堆里，还隐藏着另外一些昆虫，比如朗格多克飞蝗泥蜂和大唇泥蜂，它们是捕猎的高手。令我感到遗憾的是，这些可怜的昆虫被那些修墙的泥瓦匠赶走了。但是，仍然有一些猎手还在这儿，那就是沙泥蜂，它们成天在草地上忙碌地寻找小毛虫。还有一种个头很大的蛛蜂，竟然胆大包天，敢去捕捉狼蛛。在荒石园里到处都是狼蛛的洞穴。狼蛛的个头很大，眼睛闪闪发光，让人见了有些毛骨悚然。蛛蜂捕捉狼蛛可是要花点儿力气的。这里还有成群结队的蚂蚁，它们排成长长的队伍，浩浩荡荡地去围捕比它们个头大的昆虫。

荒石园树林里住着各种各样的鸟。

此外，荒石园的树林里还住着各种各样的鸟，有黄莺，有翠鸟，有麻雀，有金丝雀，有红角鸮，还有猫头鹰。离这片树林不远有一个小池塘，里面住着两栖动物。每年5月，池塘里各种鸣叫四起，仿佛乐队在演奏，震耳欲聋。在所有的住户中，最勇敢的要数那些膜翅目昆虫了——它们没有经过我的允许就霸占了我的屋子。在我的屋门口住着白边飞蝗泥蜂，每次进家门我都必须十分小心，不然就会踩坏它们，甚至伤及它们的性命。在窗户旁，长腹蜂在石头砌成的墙上建筑土巢。我在窗户的木框上留下的一个小孔被它们用来做通道，它们从这里钻进自己的巢。在百叶窗的边线上，几只泥水匠蜂建起了蜂巢。午饭的时候，胡蜂就来我家拜访，它们只是想看看我饭桌上的葡萄熟透了没有，是否可以作为它们的一顿美餐。

这些昆虫都是我的好朋友，有的已经是多年的老友，有的则是新结交的朋友。它们都住在这里，每天忙着打猎觅食、建窝筑巢，以养活它们的大家族。这块荒石园真是我的一块宝地。

　　俗话说：兴趣是最好的老师。法布尔因为热爱大自然中的各种生物而建立了一个野外实验室。在这里，法布尔可以尽情施展自己的才华，最后成了一位闻名世界的昆虫学家。因此，在日常学习中，我们学习知识时也要把培养兴趣放在第一位，或许就可以事半功倍。

蝉

蝉并不是一出生就待在树上的，蝉的幼虫会在漆黑的地下住上好几年呢。可是，这些小小的幼虫是如何度过这漫长岁月的呢？它们又是如何变成蝉的呢？蝉鸣叫的秘密是什么呢？

被冤枉的歌者

很多人知道蝉，还有很多人读过拉·封丹①寓言里那个蝉和蚂蚁的寓言。寓言的大意是这样的：

在冬天到来之前，勤劳的蚂蚁储备了很多粮食，而蝉在整个夏天和秋天都在欢唱，没有为冬天做任何准备。一天，又冷又饿的蝉来到正在晾晒粮食的蚂蚁门前，想乞讨一点儿食物。蚂蚁不但不给蝉，还把蝉挖苦、嘲笑了一番。

骄傲的蚂蚁问道："你夏天为什么不收集一点儿食物呢？"

蝉回答："夏天我在忙着唱歌。"

"你在忙着唱歌？"蚂蚁不客气地回答，"好啊，那么你现在可以跳舞了。"然后它就转身走了。

其实，在拉·封丹的寓言里提到的这种昆虫未必是蝉。我想，这

※ 小·讲坛 ①拉·封丹：法国寓言诗人，世界四大寓言家之一。

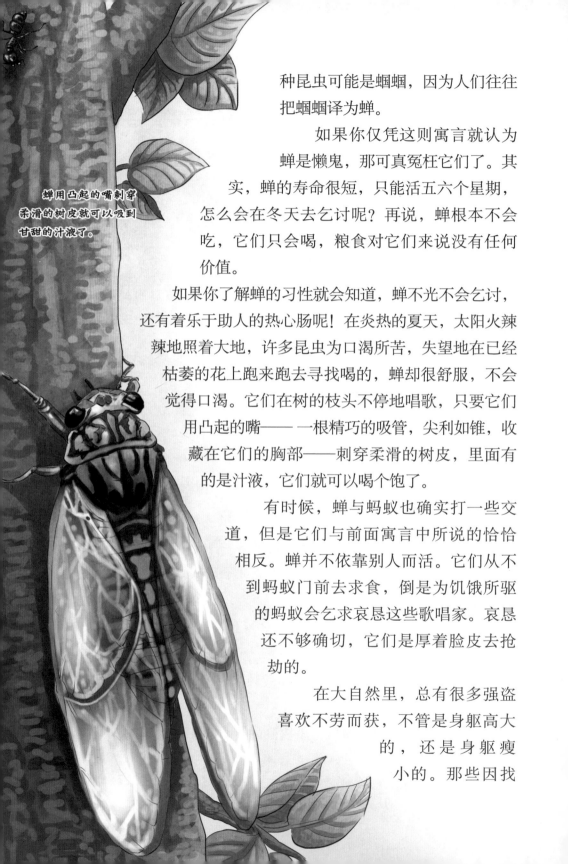

蝉用凸起的嘴刺穿柔滑的树皮就可以吸到甘甜的汁液了。

种昆虫可能是蝈蝈，因为人们往往把蝈蝈译为蝉。

如果你仅凭这则寓言就认为蝉是懒鬼，那可真冤枉它们了。其实，蝉的寿命很短，只能活五六个星期，怎么会在冬天去乞讨呢？再说，蝉根本不会吃，它们只会喝，粮食对它们来说没有任何价值。

如果你了解蝉的习性就会知道，蝉不光不会乞讨，还有着乐于助人的热心肠呢！在炎热的夏天，太阳火辣辣地照着大地，许多昆虫为口渴所苦，失望地在已经枯萎的花上跑来跑去寻找喝的，蝉却很舒服，不会觉得口渴。它们在树的枝头不停地唱歌，只要它们用凸起的嘴——一根精巧的吸管，尖利如锥，收藏在它们的胸部——刺穿柔滑的树皮，里面有的是汁液，它们就可以喝个饱了。

有时候，蝉与蚂蚁也确实打一些交道，但是它们与前面寓言中所说的恰恰相反。蝉并不依靠别人而活。它们从不到蚂蚁门前去求食，倒是为饥饿所驱的蚂蚁会乞求哀恳这些歌唱家。哀恳还不够确切，它们是厚着脸皮去抢劫的。

在大自然里，总有很多强盗喜欢不劳而获，不管是身躯高大的，还是身躯瘦小的。那些因找不到水而饥渴难耐的黄蜂、苍蝇、玫瑰虫、金匠花金龟等发现蝉的"井"里流出了浆汁，便纷纷来到蝉的身边舔食那些汁液，其中数量最多的就是蚂蚁。

虽然蚂蚁的个头很小，可它们一点儿都不客气。它们拼命挤开别的昆虫，径直冲向泉源洞口，有的蚂蚁甚至从蝉的身子底下向里挤。好心的蝉不与蚂蚁计较，大方地抬起身子让蚂蚁过去，好让蚂蚁舒服地喝到汁液。可是，蝉的谦让反而助长了蚂蚁的野蛮行径，有的蚂蚁爬到蝉的背上，还有的竟抓住蝉的吸管，使劲往外拔，一心想把蝉赶走。蝉被这些小蚂蚁弄得心烦气躁，拍拍翅膀飞走了。

这样看来，向别人乞讨、抢别人东西的，原来是那些小蚂蚁；勤劳工作、热心帮助别人的，倒是蝉。原来，这么多年来，我们一直都冤枉了蝉，我们真该为蝉平反了。

蝉的地穴和蜕变

在临近夏至的时候，第一批蝉出现了。在一些行人很多、阳光暴晒的道路上，地面上出现了一些圆孔。这些圆孔与地面相平，约如人的手指一般粗。这就是蝉的幼虫从地底爬出来时留下的，它们在地面上完成蜕变。它们喜欢又干燥又热的地方。

蝉的幼虫有一种有力的工具，能够刺透压实的泥土与沙石。当我考察那些被废弃不久的"深井"时，我是用手镐来挖掘的。

最引人注意的就是这些圆孔的四周一点儿尘埃都没有，也没有泥土堆积在外面。大多数的掘地昆虫，例如屎壳郎，在它们的窝巢外面总有一座土堆。蝉则不同，因为它们的工作方法不同。屎壳郎的工作是在洞口开始，所以把掘出来的废料堆积在地面。但是，蝉的幼虫是从地底爬上来的，最后的工作才是开辟门口的路，因为起初并没有门，所以它们不是在门口堆积泥土的。

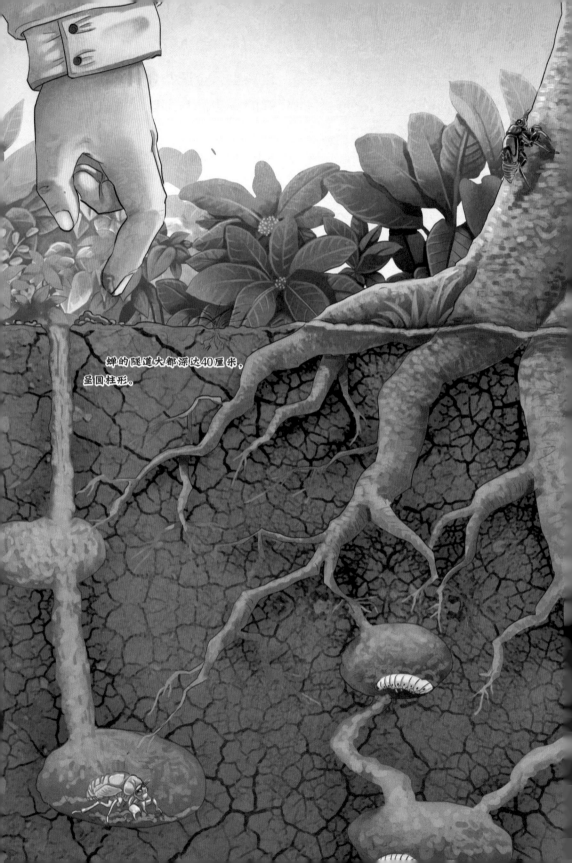

蝉的隧道大都深达40厘米，呈圆柱形。

蝉的隧道大都深达40厘米，呈圆柱形，通行无阻，下面的部分较宽，但洞底是个死胡同。

我惊讶地发现洞壁上被涂了一层黏稠的泥浆，使原本容易坍塌的泥土被牢牢地固定了。洞里的幼虫比出洞后我们看到的要白得多，也大得多，浑身充满了液体，只要你用手指碰碰它们，其尾部就渗出透明液体，将整个身子浸湿。当它们掘土的时候，便将液汁倒在泥土上，制成泥浆。于是，墙壁就变柔软了。幼虫再用它们肥重的身体压上去，就把烂泥挤进了干土的缝隙里。蝉的地穴常常建在含有汁液的植物根须上，以便幼虫可以从这些根须中持续取得汁液。

蝉的幼虫要在地下待上4年，在这段漫长的时间里，当然不可能一直待在这个小洞里，这只是它们准备爬上地面时的住所。幼虫是从别处爬来的，有可能从很远的地方来。

能够很容易地在穴道内爬上爬下对于蝉的幼虫来说是很重要的，因为当它们爬上地面来到日光下的时候，必须知道外面的气候如何，所以它们要工作好几个星期，甚至1个月，才能做成一道坚固的墙壁，适宜于它们上下爬行。在隧道的顶端，它们留着手指厚的一层土，用以抵御外面空气的变化从而保护自己，直到最后的一刹那。只要有一些好天气的消息，它们就爬上来，利用顶上的薄盖测知气候的状况。所有迹象都表明：蝉的地穴是一个等候室、一个气象站。

假使估计到外面有雨或风暴——当纤弱的幼虫蜕皮的时候，这是一件十分可怕的事情——它们就小心谨慎地溜到隧道底下。如果气候看起来很温暖，它们就用爪击碎"天花板"，爬到地面上来。

蝉的幼虫刚刚出现在地面上时，常常在洞穴附近徘徊，寻找适当的地点蜕掉身上的皮。一棵小矮树，一丛百里香，一片野草叶，或者一根灌木枝，都可能是它们的蜕皮地点。找到合适的地点后，

它们就爬上去，用前足紧紧地将其握住，头朝上，再也不松手。

　　之后，它们外层的皮开始由背上裂开，露出里面淡绿色的蝉。头先出来，接着是吸管和前腿，最后是后腿和翅膀。刚蜕掉壳的蝉翼湿漉漉、皱巴巴的。此时，除了身体的最后端，它们的身体已完全蜕出了。这个过程大约需要10分钟。

　　那层壳依然牢牢地挂在树枝上，在干燥的环境中迅速变硬。由于尾部还没抽出来，蝉以尾部为支点垂直翻个跟头，使头向下。它们的身体呈淡绿色，略带些黄，蝉翼随着体内血液的注入而渐渐张开。蝉又尽力将身体翻上来，并且用前爪钩住它们的空

蜕壳而出的蝉。

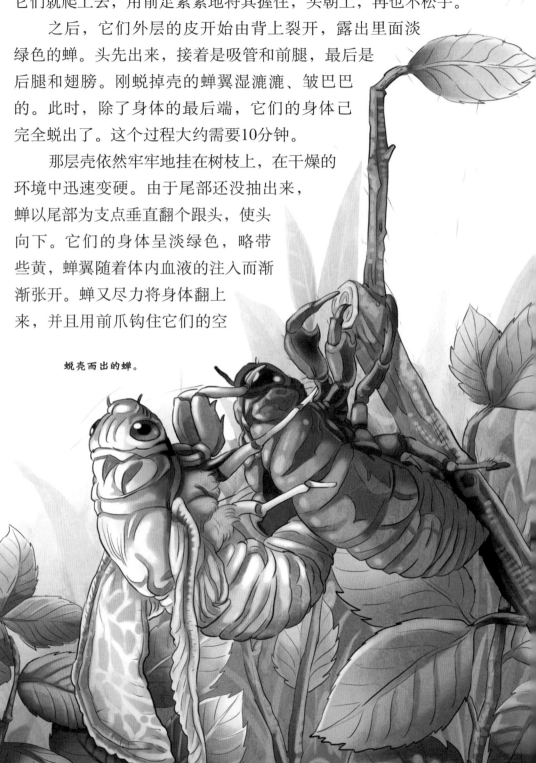

壳，终于把身体的尖端从壳中脱出。这个过程大约需要半个小时。

在短时间内，刚蜕壳而出的蝉还不够强壮。它们那柔软的、绿色的身体，在还没具备足够的力气和漂亮的颜色之前，必须在日光和空气中好好地沐浴。它们只用前爪挂在已脱下的壳上，摇摆于微风中，依然很脆弱。直到身体变成棕色，才同我们平日见到的蝉一样。

假定蝉的幼虫在早上九点钟攀上树枝，大概在十二点半会弃下壳飞走。那壳有时能挂在枝上一两个月之久。

音乐家原来是个聋子

我有很充分的条件观察蝉的习性，因为我家周围有很多树。刚进入7月份，蝉便来到这些树上，用欢唱向大家宣告它们的到来。虽然我是房子的主人，可它们根本不向我打招呼就擅自暂时居住在这里了，反正它们趴在高高的树上，知道我是拿它们没办法的。

住在乡村的人大都有这种感觉：天气越是炎热，蝉唱得越欢。劳累了一上午的农民很想好好地睡个午觉歇息一下，可蝉才不给他们这个机会呢，它们扯着喉咙，尽情地唱着那一成不变的奏鸣曲。

蝉对唱歌非常喜欢，简直到了痴迷的程度。那就让我们来了解一下蝉的身体构造吧！蝉的翅膀后端的空腔中有个像钹一样的构造，胸部还安着一个响板，这个响板可以提高声音的强度，蝉的歌声就可以传得更远。可是，这个响板占了很大的空间，使蝉的其他器官不得不挤在狭窄的、不显眼的地方。

尽管蝉非常热爱唱歌，而且很希望自己的歌声能得到大家的喜欢。但是，它们的这种单调的鸣唱不仅很难吸引人们的兴趣，还让人们感觉很烦躁。当然，人们也很好奇：蝉唱歌到底是为了什么呢？这么多年来它们一直与我做邻居，每年差不多有长达两个月的

时间，我天天都能听到它们的歌声，看到它们趴在筱悬木的树枝上，有时是夫妻两个，有时是许多同伴在一起。是为了吸引同伴吗？看来并不是，因为同伴就在身边，许多蝉往往是排成一队趴在树干或树枝上肆意地欢唱。后来我明白了，蝉唱歌可能只是出于热爱。在干燥而闷热的夏天，看着太阳一点点儿西沉，蝉找个喜欢的地方，一边吸着树的汁液，一边唱着自己喜欢的歌。它们大概觉得这样的生活很舒服，也很惬意。

蝉有5只眼睛，它的视力很好。它们在唱歌时也是眼观六路，无论是来自上面的还是左右的偷袭，都能被它们迅速地捕捉到，看到有危险来临，它们会立即停止欢唱，飞走逃生。蝉的听力很不好，即使有人在它们后面大声说话，或是很大声地吹口哨、拍手等，也不会影响它们，它们照样唱得很欢。看来，蝉还真是聋得厉害呢！

有一次，我从乡下人手里借了一个办喜事用的土铳，在里面装上火药，看到树上正好有一只蝉，就来到树下，反正蝉也看不到下边。过了一会儿，我"砰"地开了一枪，声音简直震耳欲聋。要不是我提前把窗户关上，窗玻璃肯定要被震碎的。再看那只蝉，根本不受任何影响，音调都没有变化，依然不紧不慢地唱着，好像什么都没有发生似的，那种镇定真让我佩服得五体投地。

通过这个试验，我知道了蝉就是聋子。虽然每天唱着歌，可是它们一点儿都听不见自己的声音。因此，我得出结论：蝉唱歌不过是与生俱来的一种习惯罢了！

蝉的卵

蝉在7月中旬开始产卵，它们喜欢把自己的卵产在干枯的树枝上，而且这种树枝一般比较细，只比干草粗一些，但绝对不会比铅笔更粗。这种树枝因为已经枯萎，所以很少垂下来，都向上翘着。

　　蝉找到一根合意的树枝，就用胸部锋利的针在树枝上刺出一排小孔，好像人用针斜刺下去的，将纤维撕裂，形成微微的凸起。一般一只蝉一次扎30～40个小孔。要是蝉在刺小孔时被打扰，就会飞走重新找合适的树枝。

　　扎好孔后，接着就是产卵了。蝉在每个小孔中产下大约10个卵，这样算下来，一只蝉大约会产下300～400个卵。你可能会惊叹：蝉真是个高产妈妈，有这么多的孩子，简直要遍布天下了！其实不然，蝉虽然一次产下的卵的数目挺大，但是真正能活下来的却很少，关键就在于蝉不是能保护自己孩子的好母亲。

　　在昆虫世界里，蝉的体型不算小，可是它们却很懦弱，竟然很惧怕一种

蝉其实是聋子。

比自己体型小很多的小蜂科昆虫蚋，任由这些体长只有四五毫米的小东西祸害自己的宝宝，而全然不加以制止。所以，蝉虽然高产，但是能存活下来的宝宝却屈指可数。

蚋的个头虽然小，但是也有用来穿刺的工具。它们的工具在身体下面接近中间的位置，伸出来时正好与身体形成一个直角。看到蝉在树枝上产卵，蚋就跟在后面。蝉产完卵后刚离开小孔，蚋立即过去，就像在自己家似的那么自在，在蝉的卵上刺一个小孔，把自己的卵产在里面。对于蚋来说，蝉就是庞然大物。可是蝉这种庞然大物对蚋肆意毁掉自己的卵竟然漠然置之，好像那些卵不是自己的孩子似的。虽然蝉稍一抬足就可以把蚋踩扁，但是它们就是不管，这真是太奇怪了。如果蝉有时间回来看看自己的孩子，可能会很失望，因为在它们产卵的孔里早就装满了别人的孩子，这真是让人伤透心的事情。这回我明白了，蚋之所以敢明目张胆地杀掉蝉的孩子，关键在于摸透了蝉的脾性，知道蝉对自己的孩子漠不关心，所以才敢为所欲为。

我有时不禁很奇怪：蝉的视力那么好，怎么会看不见那些站在自己旁边时刻准备做坏事的家伙呢？蝉就那么镇定自若，宁可牺牲自己的宝宝，也不对可恶的蚋动一根手指头吗？没办法，这一定是本能造成的，是谁也改变不了的天性使然。

通过放大镜，我看清了蝉卵是怎样孵化的：这些幼虫刚开始像非常小的鱼，眼睛又大又黑，身体下面有一种鳍状物，由两只前腿连在一块组成。这种鳍有一定的运动能力，能够帮助幼虫冲破外壳，还能帮助它们离开有纤维的枝条。

来到穴外以后，幼虫会立刻把皮蜕去。蜕下的皮会成为一根线，幼虫靠着这根线攀附在树枝上。在没有落到地上之前，它们尽情地享受着阳光，没事时就踢踢腿，检验一下自己的体力，要不就懒洋洋地在线上来回摇摆着，像荡秋千似的玩个痛快。等到触须自由，可以左右挥动了，腿可以伸缩，在前面的能够张合其爪了，它们就会悬挂着身体，只要有一点儿微风就摇摆不定，在空中翻跟头。

不久，幼虫就落到地面上了。这种像跳蚤一般大小的小动物，在自己的绳索上摇荡而下，以防在硬地面上摔伤。它们的身体在空气中渐渐变硬。现在它们该开始投入严肃的实际生活中去了。此时，它们面前仍有着千重危险，只要有一点儿风，就能把它们吹到坚硬的岩石上，或车辙的污水中，或不毛的黄沙上，或硬得钻不动的土层上。弱小的它们迫切需要藏身，所以必须立刻钻到地底寻觅藏身之所，迟缓一些就有死亡的危险。它们不得不四处寻找软土，毫无疑问，它们之中有许多在没有找到合适的地方之前就死去了。

最后，它们寻找到适当的地点，用前足的钩挖掘地面。从放大镜中，我看见它们挥动"斧头"向下掘，并将土抛出地面。几分钟后，土穴完成，这种小生物钻下去，埋藏了自己，此后我就再也看不见它们了。

未长成的蝉的地下生活至今还是未被发现的秘密，我们所知道的只是它们的地下生活大概是4年，在日光中的歌唱只有不到5个星期。

4年的地下苦干，换来1个月的阳光下的欢歌，这就是蝉的生活。

一旦蜕变成蝉，就意味着生命的倒计时。尽管生命短暂，可蝉并不悲观，它们整天沐浴在阳光下，用尽全力来吟唱生命的美好。其实，生命的价值无关长短，而是在于意义。积极乐观地面对每一天，再短的时间我们也可以活得非常有意义。如果我们蹉跎岁月，那么活再长的时间也毫无意义。

螳　螂

螳螂大多穿着绿纱衣，且外形修长，看上去像是安静的少女。古人云："螳螂捕蝉，黄雀在后。"可事实如何呢？螳螂到底是捕食者还是被捕食者呢？

螳螂的习性

在南方，有一种昆虫和蝉一样能引起人们的兴趣，却远不如蝉一般被人熟悉和关注。原因就是它们天生是哑巴，不会说话，更不会唱歌。如果上天也能赐给它们一副好嗓子，不管是细细的哼鸣还是沙哑的吼叫，再配上那奇特的外形和习性，绝对可以使它们成为比蝉更有名的音乐家。这种昆虫就是螳螂。

其实，早在古希腊，螳螂多被称作"占卜师"或"先知者"。农民们经常看见：在灼热的草地上，在密密的荆棘林，螳螂总是神情严肃，拖着轻纱般的绿翼半立着，前腿静静地翘向天空，就像人们祈祷时伸出的双臂那般虔诚。可是，善良的人们完全被蒙蔽了。在螳螂安静而真诚的态度里，隐藏着的是残酷的杀气。那双高举的前腿就是它们进行掠杀的利器。每一只路过螳螂身边的小生灵，像蚱蜢、苍蝇、蝴蝶、蜜蜂等，都可能成为它们口中的美味。螳螂原形毕露时，犹如凶猛的饿虎、残忍的妖魔、骇人的吸血鬼。它们是专吃活物的动物。

不过，单从外表看，我们真的很难发现这一切。还记得小时候，我和小伙伴们在草丛中玩耍时，经常能看到螳螂。它们看上去相当漂亮，小小的脑袋像一个倒着的三角形；复眼高高地突在头顶，又大又亮，很像古时候小孩子头上的两个发髻，细长的触须紧挨着立在旁边；那啄食的小嘴尖而不刺，更不像其他动物的那样锋利可怕；嫩绿色的身体纤细优雅，长长的薄翼在太阳下反射出点点光芒；腰部看似柔细，实则充满力量；脖子也很灵活，可以随意地转动、伸缩，这可太奇妙了，我从来没见过哪种昆虫有这种奇异功能。

啊！这么惹人喜爱的小东西，有谁会去怀疑可爱又优雅的它们呢？可是，它们那对呈粗大镰刀状的前足实在太特别、太惹眼了，那是极具杀伤力的武器。

螳螂共有3对足，中足和后足很像用两根细长的火柴棍儿支起来的，骨节分明，主要用来走路。而前足，只要我们细心观察便可发现很像我们人的腿，也分大腿和小腿，只不过我们用来行走的脚在它们那里变成了一对向内弯曲的钩子。可别小看这对弯钩，那是螳螂捕食的利器。一旦有猎物经过，这对弯钩就会在髋的作用下被快速地抛出，将猎物制服。在钩子的顶端还有一个小槽，槽上长着两片薄薄的刀片，既可用于站立支撑，也可当作进攻的剪刀来使用。大腿呢，可比小腿粗壮得多！大腿的前半部分长着两排锯齿——内侧的一排共有12个齿牙，黑色的长齿与白色的短齿相间排列；外侧的一排只有简单的4个齿牙。

这样完美交错的配合，确实让凶器更显精致与密实，也提高了猎杀的成功率，而且两排齿牙的缝隙还充当着临时收容所的作用，螳螂不时将自己的小腿藏在里面。大腿的后半部相对来说就略显单调，只长着3根利刺。不过，这3根刺却是所有齿牙中最长的。在小腿与大腿的相连处，还长着两排锯齿，齿牙跟大腿上的比起来显得更小、更密！因此，一旦螳螂的大腿与小腿合并，就会组成一对锋利的大钳子，任何小动物只要被它们钳住，那就很难再有逃命的机会了。

别看螳螂身子小，武器可不少，要想抓住它们，不管是对于动物还是人类来说，都绝对不是一件容易的事。我就曾深受其害，被它们的利刺深深地扎伤过手指。啊！那滋味可不好受！除此之外，它们还会用那比针还要坚硬的镰钩狠狠地钩住你的手心，那对锋利、健壮的大钳子也会紧紧地钳住你的皮肉。总之，不管它们临时

当猎物出现时，螳螂便迅速张开前足钩住猎物。

决定发挥哪种威力，你都要小心应付，如果被它们得逞，那痛苦的感受肯定会让你久久难忘的。

它们休息时，会把武器一一折好，收在胸前，回到自己"祈祷"时的模样；当猎物出现时，它们便迅速张开"法宝"，先抛出小腿的弯钩，将猎物准确地钩到身前，然后抬起大腿的锯齿，狠狠地钳住，猎物瞬间便失去反抗的能力。不管是蝗虫还是蚂蚱，或是其他看起来更厉害、更强壮的昆虫，在螳螂面前总显得不堪一击，不是懦弱地扭动身子，就是傻傻地失去冷静。

螳螂的胆识

我的兴趣被再次激发。对于自然界的生灵们，我永远都认为它们本身的奥秘比书本上的真理更容易吸引我。虽然制服它们需要费一番周折，但我还是用蝴蝶网把几只螳螂捉回了实验室。

我特意给这些螳螂营造了一种类似在野外居住的氛围：我在向阳的窗台上摆放了十几个大瓦罐，又在每个罐里放上石块和丛丛百里香；然后，把它们放进去，有独居的，也有群居的；最后，在罐口罩上一层铁纱网。这样它们就可以尽情活动了。就算要产卵，里面的石缝、草间也是不错的地方。总之，我竭尽全力保证它们过得愉悦和满足。为此，我不断地从厨房给它们带来新鲜、好吃的东西。这些家伙渐渐地就有些乐不思蜀了。

可过了一段时间，螳螂们似乎过腻了这种被囚禁的生活，不时发生雄螳螂为抢夺雌螳螂互相残杀的事件。当然，结果肯定是那些个头小的悲惨地走向了永眠。雌螳螂也并不安分，对于我精心挑选的食物，她们越来越不满意，经常对肉沫熟视无睹，即使有时吃上

　　两口，也完全是一副索然无味的表情。想想它们在丛林里争着吃光食物的样子，我决定拿着网兜亲自去林中找些蚂蚱和蝗虫，有时也让邻居家无所事事的孩子们帮我的忙。他们每晚回来时，小芦苇笼里都是满满的活蹦乱跳的猎物，而我给他们的报酬不过是几片面包和几块西瓜。

　　同时，我也开始用这些上好的美味测试螳螂的胆量到底有多大。从蝗虫、蝴蝶、蚱蜢到苍蝇、蜜蜂、蜘蛛等，凡是孩子们和我能抓到的，我几乎都试过了。有时，猎物比螳螂还要大，看起来也够凶悍，就连孩子们都猜想螳螂这回肯定完了！可是，世上的事真的是永远都说不准。对任何事我们都不能妄下结论，对任何人也不能轻视无礼。螳螂一次次用灵活的身体和独特的武器证明着自己的强大，也引导着我的思维朝正确的方向无限蔓延。那些搏斗的场面，虽结局已定，但发人深省的过程仍值得讲述。

　　有一次，我捉到一只肥大的灰蝗虫，我可以毫不夸张地说，那是迄今为止我见过的最大的一只蝗虫。当它还在笼子里时，就显得与其他猎物完全不同。它静静地蹲在一旁，淡定而无畏！我真以为它会是奇迹的缔造者，便满怀信心地把它放进大瓦罐里。可出乎我的意料，它一看见螳螂就一反之前镇定的表现，迅速地飞到罐口的纱网上，用细腿紧紧地抓住，再也不肯下去了。

　　螳螂看到了灰蝗虫，以为这是个自己闯进来的冒失鬼，表情立刻从温柔变得愤怒，还摆出一副我从未见过的骇人架势，发出了挑衅的信号——它先把鞘翅甩到两边；接着极力张开薄翼，使其像两片船帆一样高高地竖起；然后把尾部慢慢收缩起来，细长的腰身随着这个动作弯成了弓形，越来越高，直到成为一个曲棍状，但它显然并不甘心，像显摆似的故意将身子不厌其烦地放下、提起，放下、又提起；最特别的还是它腋下的那些黑白相间的斑点，这可是它的秘密宝贝呢，轻易是不会露出来的，只有在遇到极强的对手时才会用来进行威慑，以分散敌人的注意力；最后，它又不时发出轻微的"扑扑"声，那声音很像开水一不小心倒在了地上。

等这一切准备就绪，那一度让我信任的蝗虫早吓得不敢动弹了。我知道，螳螂的虚张声势已为不久后的胜利做好了铺垫。我只好放弃期待，静静地看着，不再多想。

螳螂目光凶狠，紧紧地盯着目标，一副胸有成竹的样子。哪怕蝗虫只是由于过度紧张和害怕不由自主地颤抖了一下身子，它都会恼怒地转转小脑袋，真是霸道又蛮横！其实，蝗虫完全没必要还没上阵就先投降，如果硬碰硬，它未必打不赢。而且，这也不过是螳螂抓准了它恐惧的心理施行的一个死盯战术而已！遇弱则强，弱者表现得越惧怕，强者的信心提升就会越快！螳螂正是利用这种战术，将眼中的凶狠直射敌人的内心而去，使其脆弱的心理防线在螳螂的虚张声势中节节败退，自乱阵脚，从而达到不战而胜的目的。这可真是个出色的心理军师啊！

再看看蝗虫，早被眼前的景象震慑住了，更被螳螂那些奇怪的举动搞得晕晕乎乎、不知所措。它只是伏在铁纱网上面，怯生生地看着强大的对手，笨头笨脑地决断不出下一步是该赶快逃跑还是要勇敢地去迎战，更忘记了自己有极好的跳跃能力，是可以改变这样的颓势的。

就在这时，这只可怜虫竟然莫名其妙地慢慢朝下挪去。它完全慌了神，肯定是害怕到了极点！如果不是这样，谁又会舍得将自己的性命拱手相赠呢？

螳螂精心策划的计谋得逞了！它再次轻轻转动脑袋，似乎在做行动前的最后热身。很快，蝗虫进入了螳螂可控制的范围，冷酷的"杀手"便迫不及待地抛出了弯钩，准确无误地钩在蝗虫的脊背上，再快速缩回弯钩将蝗虫拉到身前，然后将大锯齿一合并，就狠狠地钳住了蝗虫的脖子。一系列动作连贯而麻利！那慌了神的笨家伙此刻才想起反抗，它徒劳地拍打着受伤的翅膀，绝望地蹬着小腿，为自己的懦弱付出了代价。接下来的事可想而知：骇人的"杀手"像狂风掠叶般大口大口地咀嚼着美味的战利品。毕竟，残暴与冷血是它们一贯的作风。

可我们也不得不承认，螳螂的确是种很聪明的小动物，而且本身具有独特的优势。尤其在面对敌人时，它擅于采用战术策略，会根据对方的特点、现实的因素、自己的优势来想出对付不同猎物的

蝗虫徒劳地拍打着受伤的翅膀，绝望地蹬着小腿。

不同办法，而且效果都很好。像攻击蚱蜢、飞蝇等一般猎物，它不会摆出太吓人的姿势，往往只是动动弯钩；而面对蜘蛛时，它会从侧面进行偷袭，这样就不用担心蜘蛛那有毒的獠牙会咬到自己的脖子了；如果碰上的对手旗鼓相当，那它就会采用对付灰蝗虫的威吓计策，先摧垮其心理防线，然后发动快速进攻。

螳螂就像一个熟读兵书的将军，善用不同的技巧发挥自己的长处，并且屡屡夺取佳绩！

螳螂的捕食

我一直很喜欢这样一句话：浓缩的都是精华！这虽然不是至理名言，但是至少在一些伟大人物的身上确实得到过验证。所以，个头小并不是值得让人难过的事。当然，我这么说并不是要夸谁。我只是对于螳螂体型不大却贪吃的习性感到疑惑，对它能吃下比自己还要大的猎物感到不解，对支持它勇猛战斗的体内精华到底由什么营养成分构成感到好奇。

螳螂的日常食物种类繁多，大小各异。我目睹过一只螳螂花两个小时吃下一只差不多是自己两倍大的蝗虫，蝗虫最后只剩下干硬的翅膀，可螳螂的肚皮却没有被撑破。原来，它们有超强的肠胃系统：消化、分解、排泄，就像一个加工厂的流水线一样，精确细化到每一个环节。

螳螂吃食的方式也有些特别，就算没有同伴来抢，那样子也显得有些吝啬和霸道。和其他小动物一样，螳螂总是一口咬住猎物的致命处，一直往下咬，直到猎物停止挣扎。然后，它们张开又小又尖的嘴巴将猎物含在嘴里，这才放心地细嚼慢咽起来，一脸满足的

神情。

除此之外，我还观察到一件更让人不寒而栗的事！那就是螳螂是一种自食同族的昆虫！这简直太不可思议了，即使像狼那样凶残的家伙也不会吃自家人的肉啊！可是，螳螂似乎天生就没心没肺，经常相互之间发起战斗，强者吞吃弱者。它们面不红、心不跳，更没有一丝怜

雌螳螂竟然会吃掉自己的丈夫！

悯与不舍，就像吃蚂蚱、苍蝇一样平常。而且，当强大的螳螂取得胜利，开始享用美食时，一直在旁围观的其他螳螂不仅没有一点儿害怕或仇视，反而会流露出羡慕的表情，更有甚者还蹦蹦跳跳，一副跃跃欲试的样子，好像这是顺理成章、天经地义的好事情，谁要不抢着做，就是一个十足的大傻瓜，就是违背了道义呢！更让人震惊的是，雌螳螂还有食用自己丈夫的习性。它们毫不留情地咬住自己丈夫的脖颈，像吃其他猎物那样一口一口地细嚼慢咽，直到最后只剩下两片干硬的羽翼扔在地上。这可真是一群可怕的恶魔啊！

螳螂的巢

　　螳螂的残忍和凶狠有目共睹。它们那有着极大杀伤性的武器让人惧怕，食同族的恶性让人胆战心惊！但是，螳螂也有优点，比如它们能够建造精美巢穴的才华就为人们所津津乐道。

　　螳螂的巢穴不同于一般动物的巢穴。鸟儿喜欢把巢筑在树上，蚂蚁住在地下，鱼儿住在水里，狼住在洞里，每种动物似乎都应该有自己固定的居住场所。但是，螳螂恰恰相反，它们就像流浪汉一样可以四处为家。世界上只要有阳光、地形还凹凸不平的地方，不管是石头堆里、枯草丛中、豆苗地里、石油路旁，还是垃圾箱前、丢弃的破布下、砖头缝里，只要稍微用心找一下，就会发现螳螂蹿来蹿去的身影。

　　螳螂的巢附着在某个固定的物体上，长约4厘米，宽约2厘米，颜色金黄，用火烧的话，还会发出淡淡的烟丝味。实际上，它们的巢确实是用一种丝做成的，只是这种丝呈泡沫状聚成一团，时间一长就会凝固、变干。这种丝与蜘蛛吐出的丝差别很大。但是，螳螂本身并不吐丝，至于建筑材料来自哪里，请原谅我暂时卖个关子。

螳螂的巢表面规则地凸起，一头呈椭圆形，一头呈尖刺形。偶尔，在尖刺的一端还会冒出短短的刺呢！

螳螂的巢随着建筑地域的不同而形状各异。但是，不管怎么变化，也不论外表多么丑或脏，它们总是遵从同一条准则——表面规则地凸起，一头呈椭圆形，一头呈尖刺形。偶尔，在尖刺的一端还会冒出短短的刺呢。

整个巢穴明显地垂直分成上、中、下3节。中间的那块区域比另外两节要窄一些，上面布满一片片鱼鳞似的薄片，一行一行地整齐排列着。若竖着看，薄片层层悬空覆盖，很像是农家屋顶上的瓦片。前后两行间的小细缝看似微不足道，却隐藏着孵化后的小螳螂们走向世界的出口，所以这一节也叫"出口区"。其余两节是构成巢穴的主体，上面有一道道的横纹，但都是坚硬而不可被穿透的堡垒。如果想鼓励刚出生的小螳螂们从这儿破墙而出，那就有些强人所难了。事实上，这块地方也并非一无是处，它是放置螳螂卵的极佳场所。

为了看清楚巢穴里面的具体情况，我果断又狠心地用小刀把一个雌螳螂刚筑好的巢穴从中间一切为二。

里面的世界犹如人头攒动的繁华闹市，是我所不曾想到的。我原以为这不过是个供螳螂休憩的空壳呢。

巢穴被横着切开，里面是一层层累积起来的卵，从这个位置看，整体形成一个核桃状；两侧则被一层充斥着小气孔的皮囊覆盖着；"核"的中间的正上方密集地分布着弯弯的薄片，薄片的顶端穿过最外层的保护，在出口区域探出一点儿，很像是鳞片，交错着一行一行地叠在一起。在重叠的鳞片下面，每层卵都有两个出口，幼螳螂们孵化后，一半从左边出去，一半从右边出去。而在巢穴顶部和底部的幼虫，比起中节的哥哥、姐姐们会更辛苦一些，因为它们只有先顺利地穿过巢穴内如迷宫一样的细缝，找到在中部的出口，才可以顺利爬出。当然，这对它们来说并不难。

螳螂的巢穴结构复杂，恐怕只有亲眼见了才会彻底明白，但有一点值得注意，那就是雌螳螂在筑巢时恰好是自己的产卵期。我在经过多日的守候后，终于目睹了这一切的发生。这不仅会解答我们对原材料的疑惑，还能让我们加深对巢穴的整体认识。

那是一个晴朗的早上，一只怀孕多日的雌螳螂爬上高高的网罩，东奔西突，左挑右选，寻找着最适合筑巢的地方。其实，我在几天前就在荒石园中的罐底加放了石块和枯草，可这家伙并不领情，义无反顾地攀到危险的区域，执着地认为这里才是最安全的。果然，它在离罐沿儿只有几厘米的地方停了下来，头朝下倒挂着，安静地不再动弹。看来，它是选好了巢址。我便拿着放大镜仔细地观察对比这个地方和其他地方有什么不同。可结果是，在我眼里它

别无二样！

　　不久，雌螳螂的尾部就不断地冒出一团团灰白色的泡沫，很像肥皂泡。我试探着把一根草枝插进去，轻轻搅动一下，再往外拉，那泡沫竟然把草枝粘住了。又过了两分钟，泡沫就完全凝固了，变得像老巢穴一样坚固。看来，筑巢的主材料就是这种黏液，但也绝对不能忽视空气的作用，因为就在每次黏液被排出的瞬间，雌螳螂总会迅速地张开腹部那条长长的口子，有节奏地打开、合拢，打开、合拢，不断地充分搅拌黏液，使其与空气充分混合，从而形成最终材料——泡沫。产卵的过程就是在泡沫的海洋中进行并完成的。每融合黏液和空气一次，母螳螂就会把尾部深深地扎进泡沫里排一次卵，直到卵巢排空，只剩最后一颗卵变成巢穴的尖头，而此时白色的泡沫正好逐渐凝固，将螳螂卵密闭起来。

　　就这样，卵产下了，巢穴也建好了。

　　这是一个多么神奇的过程啊！简直让人叹为观止。我相信，就是人类的双手也未必能造出如此结构复杂却有序不乱的房子。它们灵巧地发挥着自己的聪明才干，用同种物质做出不同效果，就连小小的出口也安装上"门帘"。在这伟大的工程中，它们那平日耀武扬威的镰钩竟然没有半点儿可用之地。雌螳螂只是运用自己的器官在进行运作，却自始至终持有一种坦然自若、信手拈来的洒脱之态，从不回头检查一下建造得是否合格完好，更不会考虑复工的可能性。

　　尽管如此，对于螳螂的夸赞也仅限于此。因为它们虽然可以为孩子建筑温暖的居室，却绝对称不上是个好母亲，甚至连合格都差得很远。在它们眼里，生儿育女似乎只是一项例行的工作，就像我们头发脏了要洗、衣服破了要补一样正常。

　　每次产卵筑巢后，这些母亲就会毫不犹豫地离去。我曾一次次守在卵巢旁等待着它们归来，相信它们只是暂时去忙一些事情，也总感觉它们在深深地思念着自己未出世的孩子，有那么一天一定会回来的。可惜，我一次次失望而返。直到小螳螂快要孵化了，我才明白，那些狠心的母亲真的是一去不回头，是打心眼儿里不想要这些可爱的宝宝了！

唉，世上竟会有这么没心没肺的母亲！

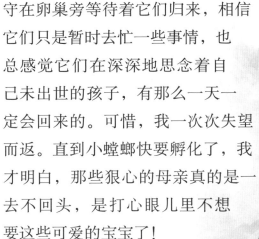

螳螂的孵化

在每年的6月中旬，通常是阳光充足的晴朗上午，大概在10点钟，螳螂的卵便开始进行孵化了。

仔细观察巢穴的中节，你就会发现每一片鳞片下面

不久，雌螳螂的尾部就不断地冒出一团团灰白色的泡沫，很像肥皂泡。

都会有一个透明却略有浑浊的小圆状物正从出口处蠕动着爬出来，上面还有两个像用画笔在白纸上刻意描出的黑点，这不是什么多余的附着物，而是那即将出世的小家伙们的眼睛。它们静静地忙碌着，不急不慢，是一群天生就不用母亲帮忙的"异类"。说实话，之所以称它们为"异类"，是因为在自然界恐怕没有几种动物会以这样的方式出生，而且这还不是原始幼虫的形态，只是成为幼虫前的一个过渡形式罢了。

它们用水晶衣牢牢地裹住自己，穿过狭窄的通道，爬了出来。试想，如果它们在巢穴里面就迫不及待地把自己长着弯钩、锯齿的小腿完全伸展开来，那不仅不会起到什么大作用，在相对狭小而弯曲的巢道里反而可能成为一种自杀的手段。

现在，这些包裹着幼虫的小水球已钻出多半个身子了，它们在鳞片的缝隙间不时抖动着，似乎在散发着对生命的热情。透过那层薄薄的皮膜，我可以大概地看出幼螳螂的模样。它们的身体呈黄色，夹杂着一些红；肥大的脑袋上，那双黑色的大眼睛最为突出；而眼睛下面的利嘴呢，此刻正老老实实地贴在胸前；前爪和后腿也都折好收在身下。除此之外，更细微的部分就难以观察到了。总之，跟蝉的最初形态差不多，幼螳螂很像一种微型的无鳍鱼。

很快，幼螳螂的大脑袋开始慢慢膨胀，不断有大量的液体涌进脑壳的皮囊，直至鼓胀成一颗跃动的水泡。小家伙们充满了力气，一次次地将自己的身躯缩进去又钻出来，而每这样完成一次，它们的脑袋就会变得更大一些。最后，连胸部也涨起来。小家伙们似乎发现时机成熟，猛地低头扎进去，水泡便随之破裂。见此情景，它们显得更加卖力了，身子扭动得更欢了，摆动的频率也更快了，似乎想使尽浑身解数让自己小小的躯干变得扭曲疯狂！看来，它们恨不得马上变出一对翅膀，到处飞着玩呢！

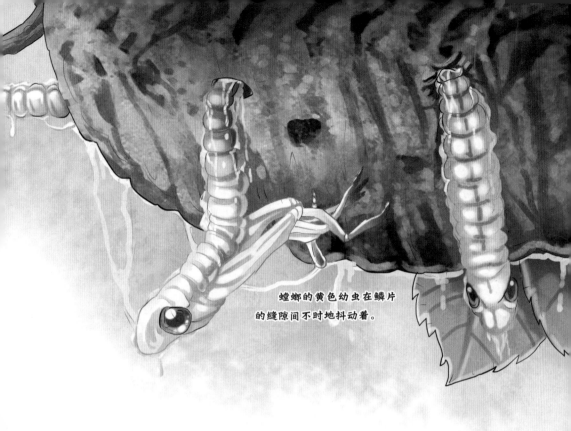

螳螂的黄色幼虫在鳞片
的缝隙间不时地抖动着。

辛勤的劳作终会有可人的收获，小家伙们的自食其力也得到了应有的回报。那层保护它们来到这个世界的外衣此刻已被它们踩在脚下，瘫软地伏在巢壳上，等一干，就会随着清风如飞舞的蒲公英飘向另一个无名的地方。小螳螂们兴奋地伸伸腿，摇摇手，晃晃触须，准备投入新的生活。

但是，你千万不要以为巢穴中的卵已全部孵化，这只是其中的一部分。几天后，还会有新的卵不断滑出。螳螂的卵之所以分批、成群地孵化，其实与受热有关。往往在巢尖部位的卵受太阳照射最为强烈，最先开始孵化；巢底的卵则受热较慢，孵化会晚一些。结果却恰恰相反，最先出巢的反而是后孵化的卵。这种排卵上的颠倒和巢的形状有直接关系。

我实在无法想象几千只小螳螂密密麻麻地浮现在眼前会是一种怎样的景象。可此刻的几百只小螳螂团团拥挤在巢壳上，有的动若

脱兔，有的静若处子，也算得上壮观了！

幼螳螂们出于某种天性，从不会在自己的襁褓中待很长时间。刚过十几分钟，它们便流露出对这个世界观察通透、无所畏惧的神情，接着出现拉帮结派的混乱场面。等它们安静下来时，有些已经径直跳到地上，有些则爬上绿草的枝秆，还有一群四散而开，朝别处走去。一会儿工夫，刚才还热热闹闹的巢壳便恢复了往日的平静，等待着下一次的孵化。

小螳螂的生存考验

别看螳螂们长大后凶猛无比，不把任何敌人放在眼里，在它们刚出生时，却不断受到敌人的攻击、吞噬，时刻处于危险之中，而那些敌人又恰好是它们日后赖以为生的猎物。这在冥冥之中验证了佛家的一句俗语：世事轮回，因果报应。

我曾经多次目睹这样的不幸场面：在林中的灌木枝上、墙角的苜蓿上、门口的石阶上，当一个个可爱的小家伙带着美好的愿望爬出那个黑咕隆咚的巢窟时，还没来得及挣破外衣，就莫名其妙地被吞入另一个无底的深渊。虽然雌螳螂一次可以产出几千个卵，但是，在敌人大规模的屠杀下，存活下来的却少得可怜。我有时会伸出援助之手，有时则无能为力。

对幼螳螂来说，最危险、最恐怖、最具杀伤力的敌人就是蚂蚁了。别看它们是群"侏儒"，甚至身子还不如成年螳螂的大腿粗，但它们是经常成群结队的漫游者，而且对于把握时机这种事总是拿捏得丝毫不差。

蚂蚁对捕捉幼螳螂这件事简直到了痴迷的地步。我虽然一天好几次在林中巡视，可显然这伙强盗并没有对我产生任何的惧怕，看

到我也从不慌乱。它们依旧处心积虑地日日潜伏在巢穴上，在那层无法穿透的厚厚的墙壁上爬来爬去，急得像上了热锅。只要小螳螂裹着水晶衣在出口露头，它们就会立刻扑上去，用细爪钩出迷茫的螳螂幼虫，开始享用。有些身子几乎要爬出来的幼螳螂也会进行反抗，但都是徒劳的挣扎，因为它们只有挣破水晶衣，与空气先打打交道，才能获得自我保护的能力。可惜，那些食客不给它们进行公平决斗的机会。

我一次次用草枝想把蚂蚁赶走，可它们只是四处散开。当我驱赶一边的蚂蚁时，另一边的就回头去享用；等我再回头去扫打另一边，别处的又涌了上来。可想而知，我的无能为力是怎么回事了。这群坏家伙凭着“十根筷子比一根筷子难折断”的简单道理，弄得

蚂蚁捕食螳螂幼虫。

我手忙脚乱，颜面扫地。好像最好且唯一的办法就是我把巢穴搬走，可显然又不能那么做。巢穴的底部紧紧地裹着附着物，如果我那么干了，就意味着里面的小生命是被我扼杀的，到时候连一只能侥幸活下来的也没有了。

我眼睁睁地看着悲剧持续上演，看着一个人丁兴旺的家族渐渐衰败。只有每次看见勇敢的小螳螂成功躲过截杀，我才会露出会心的笑容。

实际上，小螳螂的敌人远远不止是这些矮小的打劫者，还有许多其他的动物也时刻威胁着它们的成长，而且比蚂蚁更难缠、更难对付！比如，喜欢居住在墙上的灰蜥蜴，它们虽然惧怕大螳螂，可对出生没几天的幼螳螂是从来都不放在眼里的。不管这群小家伙怎么摆出那些天生就擅长的唬人姿势，灰蜥蜴也不曾后退半步，还一次次地用细细的舌头将它们肆意地舔起来，送进自己的大嘴巴。灰蜥蜴咀嚼着那松软的肉，从极尽放松与享受的表情中就能看出它们对此是很满意的。每吃下一口，它们还会忍不住地把眼眯成一条缝，显示着自己有多么满足！可是，对这些不幸的小螳螂来说，这无疑是一场噩梦，简直就是"才出龙潭，又入虎穴①"啊！

我原以为悲剧会就此结束，但是，事实上，小螳螂的敌人除了蚂蚁和蜥蜴，还有很多其他的动物。其中，最让我惊诧的就是一种比蚂蚁和蜥蜴还要小，却比它们更可怕的小野蜂。它们进行杀戮的方式更是与众不同。

这种蜜蜂尾部有长长的刺，其尖利程度简直不亚于钻孔的机器。它们不会直接袭击小螳螂，而是赶在那两大杀手之前抢先下手。

✳ 小·讲坛 ① 才出龙潭，又入虎穴：比喻刚脱离险境，又陷入新一轮的危险中。

雌螳螂把巢穴筑好后刚离开不久,小野蜂就找过来了。它们先用尾部的刺在螳螂巢穴上钻开细孔,然后把自己的卵产在里面。这样,螳螂的卵受到寄生虫的袭击,几日便变得空空如也。而小野蜂的孩子们呢?它们吸收了营养物质,茁壮地出巢去开辟自己的世界了!

我为此有些遗憾,但也清楚地知道这是自然法则,无论谁都无法将其改变。在这个世界上,任何动物,包括人类在内,都是生活在一个相对平衡的自然生态系统里。螳螂吃蝗虫,蚂蚁吃小螳螂,小鸡又吃蚂蚁,等小鸡长大了还可能成为人类口中的美味,而人类的许多东西,比如地里的庄稼、房屋的窗台、可口的食物,也可以被螳螂利用或吃掉。自然界的生物在可维持平衡的食物网中生生不息地世代更替着。想到这儿,或许就不会那么难过了。

读后感悟

从螳螂的身上,我们可以学到很多。比如聪明,这从螳螂巢穴的复杂结构就可以看出;比如勇敢,从它们面对猎物时的表现可见一斑。当然,在以其他动物为食的同时,螳螂的幼虫也会被其他昆虫捕食,这样在无形中就维持了自然界的生态平衡。

会装死的甲虫

自然界中的很多动物都有自己独特的本领，比如壁虎会断尾、枯叶蝶会伪装。那么，这小小的步甲虫又有什么独特的本领能让人们记住它呢？

大头黑步甲是一种甲虫。别看它黑不溜秋，一副粗暴凶狠的模样，其实是个胆小鬼，一旦遇到危险，就会使出自己特殊的本领——装死。

要想让大头黑步甲使出它的绝招，办法很简单：只要用手捏它片刻，再用手指把它翻转几下就行了。此外，还可以使用一种更有效的方法：在一定的高度上松开手让它跌落在桌子上，这样连续捉弄它两三次，它就会表演自己的看家本领了。

大头黑步甲一旦发现有危险，就会躺在原地一动不动，爪子缩在肚子前面，两条触须交叉在一起，两副钳子张着，全身纹丝不动，看上去简直跟死了一模一样。

千万不要被它那鬼把戏给骗了，这是大头黑步甲在跟你开玩笑呢！大约20分钟后，你瞧，它又醒过来了！先是前爪关节微微颤动，紧接着所有关节都颤动起来，口须和触角也开始缓缓摇摆。不一会儿，它的腿脚都乱摇乱晃起来，身体稍稍弓起，像一座桥一样，然后使劲一用力，便翻过身来。

此时，它会操起小碎步向别处爬去，但依然保持着警觉，一旦发现有险情，马上就会再来这一套。

当大头黑步甲连续遇到危险时，它会相应地连续装死，而且装死的时间也一次比一次长，我见过最长的一次甚至能达到将近1小时呢。

说来奇怪，在大头黑步甲居住的河边，它的昆虫邻居都很弱小，没有一种能敌得过它，即使比较强壮的圣甲虫和蛇金龟也是它的手下败将。大头黑步甲究竟有什么必要会这套本领呢？

是因为它害怕鸟类吗？不会的，它浑身有一股极难闻的怪味儿，鸟儿吃进肚子里会很不舒服，所以一般都不去

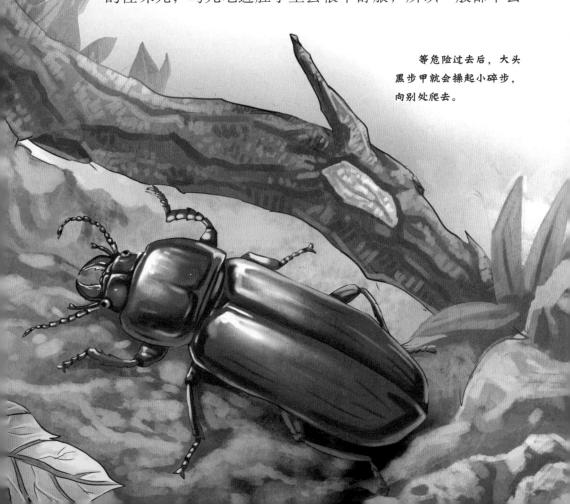

等危险过去后，大头黑步甲就会操起小碎步，向别处爬去。

招惹它。

再说，白天鸟儿们在河边"巡逻"的时候，大头黑步甲缩在洞里不出来；晚上它出来活动的时候，鸟儿们都已经睡觉了，它根本不必担心会有什么危险。

真是没想到，这样一个杀害圣甲虫和蛇金龟的刽子手，这样一个生性粗暴的家伙，居然是个稍有风吹草动就躺下装死的胆小鬼！

同样居住在河边的光滑黑步甲长得跟大头黑步甲很像，生活习性也相似。

与大头黑步甲的大块头相比，光滑黑步甲就是个小个子了，但它几乎从来不装死。你把它折腾一番，背朝下放在桌上，它会立即翻过身来，拔腿就逃。只有在极其偶然的情况下，它才会学大头黑步甲的样子，极不情愿地装死一会儿。

哈，这不是颠倒了嘛！强有力的大个子常常装死，倒是弱小的小个子会迅速逃跑，这到底是怎么回事呢？

其实呀，我们对大头黑步甲有误解：装死只是它的一种习惯。就像我们肚子饿了要吃饭一样，是一种自然的行为。危险来了，它会装死；没有危险，它也要装死。

所以，不要说大头黑步甲是个胆小鬼，要是让它知道了，它可要不高兴呢！

　　大头黑步甲遇到危险时会装死逃生，而比它个头还小的光滑黑步甲却只会逃跑，可想而知，在自然界中大头黑步甲虫生存下来的概率会更大。或许有时候我们也可以学习大头黑步甲的这个技巧，在遇到困难时学会灵活变通，而不是一直闷着头走下去。

红 蚂 蚁

人凭着记忆可以顺利地找到自己的住处，可是红蚂蚁等动物却没有人类这样高级的记忆能力，那么它们是如何准确地找到自己的巢穴的呢？

未知的官能

在自然界，发生着如下的事情：被送到遥远的地方的鸽子总能返回自己的巢穴；在春天到来时，燕子也会跋涉过重重山岭与湖泊，回到去年春天筑在农人家屋檐下的泥巢。

一位名叫图赛内尔的法国学者对动物特别是鸟类颇有研究。他向我们解释了诸如以上这些动物所具备的类似导航仪的特殊才能：鸽子凭借视力与对温度的感知能力指引飞行，尤其是后者，它清楚地知道往北飞会冷，往南飞会热，往东飞会干燥，往西飞会潮闷。

假如将一只鸽子的眼睛覆盖，使其失去视野，不管带它走到哪里，它都会根据行进中空气温度、湿度的变化来选择正确的返程。你朝南行，它就会感到气温越来越高，那么返回时就会朝寒冷的北方飞去，反之亦然。直到觉得此地的温度与离开时的温度相差无几，它才会停留，并以此地为轴向左或向右来具体搜寻最终目

045

的地。

　　我承认，这样的解释对南北或东西向的迁移有一定的说服力。可是，如果在同一纬度或经度上，甚至是同一等温地或相距很近、属于同种气候的地方，这样的解释还适用吗？其他种类的动物也是这样吗？很显然，图赛内尔先生并未周全地考虑到这些问题。当然，也有可能是受其思维本身的限制。

　　猫不论白天黑夜都可以穿过长短不一、错综复杂的大街小巷回到自己的家；石蜂被放逐在浓密的大森林里，也可以飞出幽暗，越过高山与田野，顺利地找到自己的蜂窝。这两种不同的动物无疑都向我们说明了同一件事情：眼睛只是帮助它们看清前行道路，不至于撞上其他东西；它们在行进的过程中，也没有依靠温度辨别方向，因为环境温度变化并不大。

　　显而易见，它们并不是靠眼睛观察或通过感知周围温度的变化来指引行进方向的，这些只能称得上是辅助性的工具罢了。那么，我们又该如何解释那些神秘的现象呢？我苦思冥想，但始终没有任何证据可以证明什么。最后，我只能冒着被像我一样的无神论者反驳的风险告诉大家：动物身上可能有某种我们所不知道的超感知能力在发挥着指引方向的作用。谈到伟大的博物学家达尔文，我相信，没有谁会质疑他为世界所作出的贡献——写出了关于自然界的研究的权威著作。其实，在我之前，他也曾公开表达过：动物体内具有人类所不具备的，甚至是无法想象的未知官能，正是这种官能在指引着动物们回家。

　　这并不是针对异世界而虚构的情节，我确信动物身上一定存在着这种官能，要不然它们依靠什么来返回居住地？是记忆吗？可对没有视觉也没有听觉的实验对象来说，记忆只是种奢侈的东西。这种官能究竟来自哪里？为什么在高等的人类中不曾见过或听说过，反而在低等的动物中处处可见？是对大地电磁波的感应吗？或是其他？我不确定，也毫无头绪。但是，能试着参与如此伟大的研究并贡献出自己的一份微薄之力，我的内心已充满喜悦。想想这世界上还存在着不为人知的秘密，不被人类拥有却为动物所独享的官能，我的心里便升起无限的探求欲望。

未知的官能到底隐藏在身体的哪个部位呢？翅膀？腿爪？脑袋？还是触须？一般情况下，实验者在对动物的研究中如果无法解释某些现象，会习惯性地把原因归咎于触须。这次我也做出了同样的决定。但是，这并不是盲从，而是经过比较分析得出的结论，最有可能担负此等重任的除了那特别的触须，我暂时还找不到任何更有说服力的部位。

在我那杂乱的实验场——荒石园，住着各种各样的小动物，其中，就膜翅类昆虫蜜蜂来说至少也有五六种。我首先把这个成员数量庞大、种类繁多的家族作为了实验对象。

蜜蜂在寻找食物的过程中，经常会低着脑袋不断用触须像手指弹钢琴一样敲打着它们所接触的地方，很快就能找到食物的所在之处。显然，触须在这个过程中发挥了积极的主导性作用。所以，它们一旦失去触须，就会变得无所适从，不再认真采摘花蜜，对生活也失去热情，开始苟且过活。但是，我还从没试过将没有触须的蜜蜂放到陌生的地方，观察它们会做出怎样的反应。触须能否起到指引方向的作用呢？

我先以几只石蜂为实验对象，将它们的触须齐根剪掉，然后把它们装在密封的笼子里，带到离家几公里的森林里放掉。令人惊诧的是，它们几乎毫不费力地就跟我前后脚安然回来了；我又对大个的泥蜂做了同样的手脚，可它们也并未给我不同的答案。看来，触须似乎并不具备指引方向的功能。

　　不过，我一直以来的实验对象都是雌蜂，因为她们对家的归属感最强，这有可能会造成一些假象。如果我把实验者换成并不恋家的雄蜂，那结果会不会有所变化呢？可结果再次出乎我的意料，这些平日里总喜欢留恋在外的家伙这回却老老实实地回来了。后来，我又在被石蜂遗弃的旧巢里找到几只新搬进去的壁蜂，可不管是雌的还是雄的，它们执着地沿着前辈的光辉足迹而行——回到了自己温暖舒适的小窝。

　　由此可见，那未知的官能并不是在触须上。那我是否就可以通过以上的结果证明所有的膜翅类昆虫都具有这种特性呢？它们无须依靠什么，只是在某种官能的指引下就可以从陌生的地方回到自己的家？这确实有待商榷，因为此刻就有一种小动物让我那刚"建到两层"处的"高楼"变得摇摇欲坠。

蜜蜂的触须能帮助它们找到盛开的花朵。

红色侵略军

在我的实验场里，还有一种叫作红蚂蚁的小动物，它们家族兴旺，个性猖狂，经常在我的荒石园里四处游走。那可真是一群与众不同的家伙！我还从未在其他种类或族群中见过有像它们这样习性的个体或群体。

红蚂蚁从先辈开始就过着王公贵族般的生活：吃饭有人喂，衣服有人洗，儿女有人照顾，热了有人扇扇子，困了有人给铺床，累了有人抬轿子等。总之，家里家外都由别人照管，它们什么都不用操心，只是日复一日地过着衣来伸手、饭来张口的生活。唯有一件事是需要它们亲自集体出洞，通力协作来完成的。

在每年的6、7月份，正值夏季，天气炎热，红蚂蚁总会排着整齐的队伍到离家或远或近的其他蚁类居住的地方进行一次大规模的劫掠抢夺、侵略征服，把别家未出生的蛹带回自个儿家，等孵化后就给红蚂蚁做"奴隶"，而那些老弱病残的"奴隶"就会被这些年轻的取代，从而被无情地赶走。因此，我称红蚂蚁为"红色侵略军"。

有一天，我目睹了这个浩大的场面。这群红色将兵排着五六米长的队伍，走出巢营，开始了远征。它们沿着一条田鼠开辟的旧道往前走，一路步调一致，整齐有序，没有跑出队伍的，也没有被落下的。大概走到3米远的地方，这段距离对它们来说已显得很长了，转而又钻进了一片草地里。我跟在后面，蹑手蹑脚地，并没有惊扰到它们。接着，它们又从草里出来，走在飘落着树叶的小径上继续寻找。这时，几只黑蚂蚁正一前一后地在不远处的石子旁觅食，它们的身后就是自己的巢穴，洞口旁的灰色土粒和像盐粒似的东西散乱地铺着。然而，这些黑蚂蚁并没有预感到危险的到来，越走离家越远。

　　带头的红蚂蚁发现了这个情况，立即停下，似乎回头说了什么，大伙儿便一股脑地涌上来，乱哄哄地聚拢在一起，朝目标走去。一只黑蚂蚁正好从洞口钻出来，看到可怕的敌人，吓得赶紧缩了回去。接下来，红蚂蚁发动了可怕的进攻，一只个头最大的最先进入洞里，其他的跟在后面。

　　至于里面具体发生了什么，我虽然没有看到，但可想而知。这与人类为抢夺土地与利益而发动的战争有什么本质的区别吗？就算没有硝烟连天、血流成河、尸首遍野等可怕的场景，也少不了奋力抗争和家破人亡。就在我为这样一场对多数人说来无关痛痒的战乱而纠结时，毫无悬

黑蚂蚁和抢夺蚁蛹的
红蚂蚁混战在一起。

念的胜利者高昂着头颅出来了。它们嘴里含着白色的蚁蛹——那些未出世的黑蚂蚁宝宝，一个接一个地爬上洞口，个个喜形于色，显然收获颇丰。黑蚂蚁跟着追出来，想抢回自己的孩子，两方再次混战在一起。最终，红蚂蚁几乎没费多大力气就将那些伤心的父母打倒在地。

红蚂蚁带着战利品，排着像来时那样整齐而有序的队伍凯旋！那些可怜的黑蚂蚁的孩子们还没出生就沦为了孤儿，还将以奴隶的身份来到这个世界！可没有谁会心疼它们，对这些残忍的奴隶主来说，找到能伺候自己的仆人才是最开心的。

这时，奇怪的事情发生了，我发现红蚂蚁返回时走的路和它们来时的路竟是同一条！是的，它们走过小径、草丛，又回到了田鼠道，接着巢营便近在眼前。

天哪！这样的情况该怎么解释呢？是我记错了吗？显然，我的记忆力还没有退化到那种地步。这纯属是个巧合吗？可往返的两条路已精确到了毫厘不差的地步，怎么可以用巧合之说搪塞大家！唯一的理由就是官能的指引。但是，仅凭偶然的一次现象还远远不足以证明一个理论的真实。

在接下来的一个星期里，为了解开这个疑惑，我每天大清早就蹲守在红蚂蚁的穴口，陪它们行走在花树交错、绿意盎然、彩蝶飞舞的小小天堂。最终，事情有了可喜的进展。我经过多次记录、总结，发现这群强盗征战的路线受黑蚁窝的影响而不同。但是，无论走到哪里，什么时候，怎样的天气情况，收获有多少，遇到哪些危机，队伍受到怎样的重创，它们都会坚持一条准则——怎么来的就怎么回去。至少在我所观察的一个星期里，这条准则始终没有改变过。

我仍清楚地记得，红蚂蚁在走到落叶堆上时，有不少小家伙滑

到了缝隙里。它们很难再爬上来，因为堆积的树叶一层又一层，只有体力好、身手灵敏、足够幸运的才能重新回到队伍里。而在这个归队的过程中，它们还要小心谨慎，以防再次掉下去。但是，即使是这样，它们在返回时还是会坚定地爬上那堆落叶，哪怕这回连豪取的战利品也会一并丢掉，它们也没有做出任何改变路线的举动。其实，就在离落叶一步远的地方，便有一条我平时散步的走道，宽阔又平坦，但它们却视而不见，固执地走着来时的路。

还有一次，它们行走的路途更长了一些，已经到了荒石园的池塘边。水里的金鱼又胖又机灵，当然，这得归功于我那可爱的小孙女。可是，红蚂蚁们并未将它们放在心上，毅然地走在池边，朝目的地进发。金鱼睁着圆鼓鼓的大眼睛，盯着岸上那一排美味流露出馋嘴的神情。突然，一股风吹来，队伍中间的红蚂蚁们被吹得飞了起来，最后又飘忽飘忽地落进水里。庞大的等待者见天上掉下了"馅饼"，迅速地游过去，将红蚂蚁一只一只吞下肚。红蚂蚁队伍虽然再次遭受了磨难，但这支固执的侵略军依然秉持着遵守军纪的优良作风，在返回时仍旧从岸边走过。在风的再次帮助下，金鱼享受到了比中午还要香甜的晚宴，因为随风落水的不止有侵略者，还有它们口中的猎物。

由此看来，红蚂蚁就算是全军覆没，也绝不会换一条可以顺利回家的路。这不得不让人深思。从种种表象来看，绝不会是比罗盘针还要精准的官能在指引着它们，如果是官能在发出指令，那别的动物岂不是在回家的路上也会如此"重蹈覆辙"？为什么其他动物没有，偏偏只有红蚂蚁不一样呢？问题的症结显然出在红蚂蚁的身上，这不禁让我想起了绿毛虫。

绿毛虫在每次外出寻食时，总会边走边在路上留下细丝作为回家的标记，这样就能确保自己不会迷路。这跟蜜蜂运用感觉相比，虽然采用的办法不一样，但本质是相同的。由此推测，红蚂蚁是不是也出于这个原因呢？它们是路痴？不仅方向感差，还对陌生的地方缺乏辨认能力？所以，为了不至于迷途回不了家、流离失所，只能利用超强的记忆力按照原路返回？就算遇到再大的危险，也只能把走过的路当作回去时唯一的路？

我也曾听人说起过这样的话：蚂蚁靠嗅觉走路，而它们的嗅觉器官就是头顶的触须。并且，他们对此还给出了完美的解释——红蚂蚁虽不像绿毛虫那样可以用丝来做标记，但它们可以利用身上的气味达到这个目的。对于这样的说法，我并不赞同。因为对于嗅觉与触须、触须与方向之间的关系，恐怕不是简单的臆断就能回答的。

金鱼将被风吹到水中的红蚂蚁一口吞进肚子里。

嗅觉与视觉的实验

真理出于实践，迷雾也终会在太阳升起后消散。抱着这样的信念，我请来了可爱的小孙女——露西做我的助手，协助我一起完成接下来的实验。

这个小机灵鬼刚刚6岁，对于我讲的有关红蚂蚁的故事充满了兴趣，所以当有这么一次可以与它们近距离接触的机会时，她那兴奋劲儿绝不亚于给她买了一条新裙子。她对我交代的跟踪任务也表现出高度的责任感，我经常一抬头就能透过实验室的窗户看见她小小的身影在荒石园里跑来跑去。

有一天，我正在实验室忙碌，小家伙气喘吁吁地跑进来，喊道："爷爷，爷爷，快出来！红蚂蚁又要欺负黑蚂蚁了！"

"那你记下它们行走的路线了吗？"我问道。

"记下了！我在它们走过的路上都放了小石子。"小家伙得意地回答。

我和小露西来到她看守的地方，在一撮野草的根部，有一个小窟窿眼儿，石子就是从那开始放置的，每隔一两步就有一块，一直弯弯曲曲地延伸到离北墙不远的大槐树下。这段距离总共有100米左右，对我们来说也就是几分钟的路程，可对于那些只有米粒大的侵略者来说，绝对算得上是一场远征了。不过，这让我有足够的时间进行实验。

此时，一场战争刚结束，红蚂蚁们正高举着掠夺物排着长队返回。我用扫帚在它们将要重新走过的小道上扫出大概1米宽的一段"隔离带"，尽量把表层的泥土清理干净，撒上另一种像土一样的东西。接着，又每隔三四步远就如此再扫出一段，总共扫了4段。

没过多久，猖狂的胜利者们昂首阔步地走了过来。在我的实验地前，它们惶恐地停了下来。越来越多的蚂蚁围了上来，乱哄哄地散乱成一片。领头的那几只蚂蚁刚开始还紧密地聚在一起，好像在商量着突围的好办法，此刻却无奈地各自走开，四处去搜寻有利于回家的线索。其中有一只径直走到了"隔离带"旁，小脑袋左探探右探探，见同伴们疑惑试探又着急无主的模样，勇敢地抬脚踏了上去。显然，不会有任何事情发生，这不过是走在了另一种像土一样的东西上面。见无事发生，它欣喜地迈着小腿走得更快了。大家见此，不禁也跟着走了上去。与此同时，那些绕道而行的蚂蚁也已准确无误地找到了原来的路，它们在另一头重新与大部队会合了。在后面的3块实验地前，它们依旧会停下来犹豫吵闹，但停留的时间越来越短，总是在经过短暂的观察与思忖后，直接穿行而过。当然，有些谨小慎微的蚂蚁还是宁愿选择绕远路回去。总之，它们成功地破解了我设置的障碍，顺着那条小石子标出的路线回家去了。

实验似乎说明了嗅觉具有导航的作用！它们之所以在犹豫之后还能踏上原路，极有可能是因为我清扫得不干净，它们嗅出了掩埋在新物质下的原有物质的味道；而那些绕道的，也可能是受扫在两旁的残留物的指引在前行。至于真正的答案到底是什么，我只有再做一次更周全的实验才可能知道。

仅仅过了一天，我那尽职尽责的小助手就又向我报告了好消息——红蚂蚁再次出洞了。其实，对它们这么快就重新征战我并不感到惊奇，因为它们只有在这段黑蚂蚁大量产卵的时节里掠夺更多的蛹，才能保证来年的奴隶数量有增无减。

在石子标出的路线上，我选择了一个较为理想的地方作为此次的实验场地，接着我把一根细管子接到了池塘边的水龙头上。当我再次返回实验地点时，我聪明的小助手就赶忙拧开了阀门。水从管子中流出，犹如山涧的洪水一样湍急，把我选好的路段从中"哗"

的一声冲断，形成了一个大概有一步宽的水泊。我先向一个方向冲，然后转身再向另一个方向冲，就这样一直冲了十几分钟，直到确信原本连通的气味已经被水流彻底隔断，而且被水冲过的土里也绝不会残留下一丝气味，才让小露西把阀门关小些，此刻的激流已变为小溪，潺潺地流过不断下渗的小浅滩。

临近中午，红蚂蚁们才满载而归。它们在走到水边时，显得比之前更为慌乱和犹豫。路途完全被阻隔了，连绕过去的可能都没有。大家拥挤在"河"边，似乎搞不懂早上还好好的，怎么会突然就冒出一条河了呢。就连之前最勇敢的那只红蚂蚁此刻也不敢轻举妄动。有几只鲁莽的家伙想勇敢地尝试一下，结果刚小心翼翼地爬到"岸"边露出水面的石子上，就脚下一个趔趄滑进了水里。它们挣扎着，可始终都紧紧咬着战利品不肯松口。

它们艰难地连爬带游，重新回到了"岸"上，似乎在想其他涉水渡河的办法。这时，有树叶落进水里，有一些聪明的小东西一骨碌爬了上去，把这当成一叶扁舟划着过河；有的发现干枯的草枝漂了过来，也赶忙爬上去；还有一些找到了离我最近的那个浅滩，发现水流明显减小，它们靠着勇敢与机智，慢慢向对岸游去。红蚂蚁们再次有惊无险地到达了彼岸，而且不但没有任何人员伤亡，就连战利品也一个没少。它们重新走上了回家的那条路。

这个实验不仅没有解答我的问题，反而让我更加疑惑了。在气味完全被隔断、被冲散的情况下，它们居然还是选择冒险过河，按着来时的路线返回。难道空气中还有某种我无法闻到的神奇的气味在指引它们？那我就用更浓烈的气味掺杂其中，看这次能带来什结果。

在红蚂蚁第三次出征后，我便用新摘的薄荷叶把它们走过的路线擦了一遍，又把一些放在路中间，使空气中、地面上都弥漫着浓浓的薄荷味。但是，这群掠夺者并没有把这些放在心上，它们似乎根本就不会想到有人曾在这路上忙忙碌碌地干过什么，只是在经过那几片叶子时稍有犹豫，之后便毫不在意地穿过去，回到了原本的路上。

这两次的实验更让我坚定了想法：嗅觉不是指引方向的主导者，一定是其他哪方面在发挥着"官能"的作用。至于具体是什么，之后的两个实验给了我很重要的启示。

这次，我没有像之前那样对路面做改变，也没有掺杂异味，而是完全保留了它的本来面目。只是在路中间放了几张报纸，将它们全部展开，4个角又用石子压着。这样，在它们那犹如一根针线一般粗的路途上，四平八稳地铺着的报纸看起来就相当夸张和浩瀚了。可是，结果却出乎我的意料——红蚂蚁们回来时，在这庞然大物面前表现出前所未有的慌张和犹豫，甚至比急流的水滩、异味掺杂的道路还要让它们感到难解！它们并没有跟随气味行进，而是在报纸前踌躇着，来来回回仔细查看，可始终迟疑着不肯向前。最终，它们似乎发现了什么，有的豁出去一般地爬上了报纸，有的就从下面钻过去，没多久它们就在报纸的另一头再次踏上了熟悉的回家路。而在前面，还有我设的另一个屏障——把一些黄土撒在原本灰暗的地上。颜色的强烈变化确实使它们犹豫了一会儿，不过很快，这群家伙似乎对这种事习以为常了，放开胆子轻轻松松地逾越过去了。这回连队形都没乱。

这个实验说明了什么呢？在气味没有变化的情况下，路线被做出了与之前不同的样子，而红蚂蚁也随之表现出或强烈或镇定的不同反应，至少可以说明嗅觉不是指引方向的官能，它在红蚂蚁行进的路上不能起到任何作用。从红蚂蚁在障碍前犹豫不决、试探迟疑、反复琢磨的样子来看，我只能说这可能与视觉有关。

视觉与记忆力的作用

蚂蚁是种"目光短浅"的动物，这和它们小小的身子分不开。它们的视野范围很小，有时只是动了一根小木棍，它们都会觉得发生了很大的变化。它们也根本无法看到实验地、水滩或报纸的另一头，最后之所以能顺利过去，完全是因为某些蚂蚁发现了熟悉的地方就在前面的不远处，大伙儿在它们的带领下才安然渡过了难关。不过，这样漫长的征程光靠视力也是不可能完成的，一定是大脑将正确的信

红蚂蚁们有的豁出去一般地爬上了报纸，有的就从下面钻过去了。

号源源不断地传送了过去，而这就得感谢它们超强的记忆力了。蚂蚁的记忆力到底有多强呢？也能像我们一样记住很多信息吗？答案我无从知晓，因为我实在没有办法让它们每次出发都走同一条路，也不确定我看见的那条路是否是它们第一次走的路。我唯一可以肯定的是：只要是它们走过的地方，哪怕只有一次或几次，无论长途还是短途，它们都能丝毫不差地记在自己的小脑瓜里。而这样的事情，我确实也在无意中看到过。

有时候，由于战利品太多，它们不得不先送回一批，再回去取另一批；偶尔也会因为某个地方的黑蚁穴数量较多，它们就接连好几天都去那里施行抢掠，而且走的路线永远是第一次走的那条。还有一次，我也照小露西的方式在它们远行的路上放了石子做记号，没想到，过了两天我又看见它们叼着蚁蛹从那里经过，正沿着石子标记的路线返回巢穴。

现在，谁还敢说它们是靠嗅觉在行走呢？难道它们的气味可以不受风吹日晒的影响而在原地保存两天吗？显然是不可能的。它们所依靠的就是视觉加记忆力。如果让它们置身于一个陌生的环境，是以前从未接触或相对偏僻的地方，它们的记忆力和视觉还能指引它们顺利返回吗？

在荒石园里，红蚂蚁去过最多的地方就是北边的花丛和槐树林，而南面的苜蓿地却很少光顾。有一天，我碰上了刚刚结束征战的强盗们，它们正叼着洁白的蛹粒往回走。我把一片树叶放在了一只蚂蚁的前面，它走过来无所畏惧地径直上去了，我便转身将树叶放在离大部队有两步远的南面的草丛里。等它从树叶上下来，发现前面不是自己要走的路了，急得乱窜。可是，它始终紧紧地叼着蛹，左走走，右看看。它朝前走了几步，似乎发觉不对劲，赶紧麻利地退回来；它又掉头走去，那正是大队伍所在的方向，可这个小

我看见它们叼着蚁蛹从我放的石子旁边经过，正沿着石子标记的路线返回巢穴。

红蚂蚁

傻瓜走了两步又手足无措地停了下来，站在那儿不住地转啊转，看得人眼睛都花了；最后，也不知道受了哪根神经的支配，它扭头朝更远的地方走了。唉！这不就是路痴嘛！可那么远的地方它都走过了，还能在这么近的距离内迷路而找不到自己的队伍吗？它没有方向感吗？还是只要是没去过的地方，它的视觉与记忆力都将一无是处呢？

为此，我又把几只红蚂蚁放在了北面。虽然在这里它们也不是哪都走过，但毕竟还算熟悉。起初，它们也经过一阵慌乱和疑惑、挣扎与尝试，不过最终都幸运地成功突围了。在一个小时后，它们找到了自己的同伴，顺利归队了。

对此，我只能说红蚂蚁不具有其他的膜翅类昆虫所拥有的那种超强的方向感，即所谓特殊的官能。比如蜜蜂，它们可以从离家十几里以外的陌生地方轻易地找到家。红蚂蚁的视觉和记忆力也不是万能的，往往只在自己熟悉的地方起作用。但是，不可否认，这就是它们真正的"官能"，不像其他动物那样神秘，让人类无从探求，它们从日常的生活中就完全体现了出来。而蜜蜂呢？它们将其隐藏至深，让人无从判断。看来，我们人类也不必对此感到愤愤不平了，更不必埋怨自然界偏心，毕竟连同属一类的昆虫都有的具备，有的没有，我们人类又凭什么得此眷顾呢？

在遇到困难时，红蚂蚁不是停滞不前，而是想办法绕道而行，最终它们克服了困难，顺利回到了家。其实，有时候我们也应该学习红蚂蚁的这种品质，在遇到困难时不妨换一种思路，选择另外的方法去尝试，这样才能让自己不断进步。

萤火虫

说到萤火虫，我们知道它们有发光的特性，但是你知道它们发光的原理吗？知道它们吃什么食物吗？知道如何区分它们的雌雄吗？

在这个奇妙的世界上，有不少会发光的动物，如南极的磷虾、深海的亮乌贼等；还有一些植物也会发出亮闪闪的光芒，像非洲的夜光树、中国的灯笼树，一到晚上就会变得火树银花①！在所有会发光的动植物中，最广为人知的恐怕是萤火虫了。可是，我们真的了解萤火虫吗？了解多少呢？它们有几条腿？雌虫和雄虫有什么区别？它们发光的原理是什么？它们吃什么食物？

我相信，很多孩子还停留在把萤火虫装在瓶子里玩的阶段。那么现在，就让我们一起走进萤火虫的奇异世界吧！

尾部挂着灯笼的"人"

炎炎夏夜，如果你和小伙伴们正在树林里、草丛中玩耍，忽然一群亮闪闪的小东西朝你飞来，还围着你打转，调皮地落在你的

微词典 ① 火树银花：形容灿烂的灯火或烟火。

肩上，你会不会一时吓得说不出话，瞬间惊呼起来，转眼又高兴地蹦蹦跳跳，伸手想把它们抓在手心里呢？其实，它们就是黑夜的精灵——萤火虫。它们总是像无数颗小星星一样点缀着静谧的夜，为其增添几许神秘和光亮。智慧的古希腊人则亲切地称它们为"尾部挂着灯笼的'人'"。

萤火虫身披艳丽的硬外壳，身体是棕栗色，胸部及两侧则是温暖的粉红色。它们的头部以下分为3个小节，最末节上还点缀着鲜艳的红色小斑点。它们在幼年时用3对小细腿在地上爬行，寻找食物，等到了成虫阶段，雄虫就会长出晶莹的翅膀和鞘翅，像其他鞘科昆虫一样自在翱翔；"不幸"的雌虫却没有得到这方面的眷顾，一生只能靠腿脚生活，无法体会翩翩起舞的快乐。但是，有一样却是整个萤火虫家族所共有的，那就是它们尾巴上的"灯笼"，那也是它们成名的重要条件——发光器。

萤火虫的发光器分为两组，一组在身体的前两节，呈一条带状遮盖住腹部，那灿烂的光芒是它们成熟和发育结束的标志，只有在蜕变完成后才会显现出来；另一组在末节，是两个新月形的亮点。不过，这些都是属于没有翅膀的雌虫的特别礼物。当它们长大后，到了出嫁的那天，就会点亮腹部的两条光带，发出一种耀眼的、白中夹杂着浅蓝的色彩。而对于雄虫来说，它们也只好遗憾地接受现实，因为它们还是只有尾部的灯亮着，虽然那光亮穿透了腹部和背部，看起来和雌虫的一模一样。

那灿烂的光芒来自萤火虫表皮上的发光层——由一种特殊的颗粒物构成的白色涂料。

在发光层的旁边还有一条奇特的导管，主干短小而粗壮，周围长着许多细小的分支，它们渗入发光层中，就形成了发光器。发光器不是自己就会亮起来，它是在萤火虫的呼吸作用下才闪闪发光的。发光层释放氧化物，而导管周围的细小分支就负责把外界的气流输送进来，气流越大，萤火虫就越亮；气流越小，亮光就越暗；气流停止，"灯笼"也会熄灭。

萤火虫们还很小的时候，常常因为受到惊吓和刺激把尾巴的灯熄灭。可随着慢慢长大，它们似乎变得越来越勇敢，有时面对强烈的刺激也只会有细微的变化，甚至干脆当作什么都没发生。

一天，一群雌萤火虫在森林里玩耍，突然，寂静的空中传来猎人射击的"砰砰"声，雌萤火虫似乎根本没听到这震耳欲聋的声音，尾巴发出的光芒依旧明亮而宁静。还有一次，它们遇上了大雨，冰冷的雨水浇打着身体，可只有几只在发光时有些迟疑，其他

萤火虫像无数颗小星星一样
点缀着静谧的夜。

的简直没把这当回事。人类对此充满好奇，一位动物学家把雌萤火虫抓回了家，装进一个细口的瓶子里，还向里面喷了一大口浓浓的烟，结果虫儿们的迟疑更加明显，亮光一下子就熄灭了，可瞬间又亮了起来，比之前更亮！他又用手揉弄招惹它们，情况也没改变多少。其实，在即将到来的交尾期里，雌虫对自己的光芒充满了信心，只有遇到很严重的问题时，亮光才会熄灭。

在每年的3、4月间，雌萤火虫总是一改常态，在树枝上跳起激烈的舞蹈。雄萤火虫从空中飞过，它们的前胸不断胀大，就像一面盾，把脸全部遮住，只露出两只鼓鼓的眼睛，朝下面仔细地看着。它们两眼中间的小细槽里长着指引飞行的触须。很快，雄萤火虫看见了下面的树枝和草尖上一闪一闪的小亮点，知道是雌虫在发出交配的呼唤。

萤火虫在交尾时灯光就会暗淡许多，有时甚至会熄灭，只剩下尾部末节的小灯笼忽闪忽闪地亮着。

双脚残疾的虫

在萤火虫的世界里，如果单单指望它们那几条又短又笨拙的腿来活命，那无疑会给它们短暂的生命带来许多遗憾！幸好，在它们的身上还有一种特殊的运动器官。这种器官有助于萤火虫吸附在光滑的物体表面，抓住难以攀附的东西。

在萤火虫的尾部有一个不起眼的小白点，可是如果你用放大镜去看，就会发现那根本不是一个斑点，而是12根短小的肉刺！它们时而聚拢成团，时而绽放如花。就是这个奇怪的东西，一张一合，一上一下，不仅让萤火虫能轻而易举地贴在光滑的玻璃上、细嫩的草秆上，还能让它们在上面如履平地般自由行走。

更让人惊讶的是，它不仅是帮助运动的器官，还是清洁身体的好帮手。每次用餐完毕或者忙碌行走之后，萤火虫总会把它当刷子

一样，认真地清扫过自己的脑袋、脖子、身体，把灰尘和残留在身上的蜗牛的黏液一点点儿清理干净，细致又耐心。看来，萤火虫还很注意个人卫生呢！

光的盛宴

在每年的6、7月间，雌萤火虫在交尾期一过，就会把圆圆的、还是白卵的孩子们随意地产在散落的树叶上、冷冷的草根旁。奇怪的是，此时的虫卵竟然发着光，甚至还在母亲的腹部时就已发出荧光！

不久后，虫卵开始孵化。幼虫成形后，它们的光芒清晰地从尾部的小灯笼里散发出来。在严寒的冬天到来前，它们就钻进了土里准备过冬，直到第二年的4月才爬出来，继续发育，完成自己的蜕变。

就算在土里，萤火虫的光芒也不会熄灭，只是比在外面稍显微弱。

卵是发光的，幼虫是发光的，成年的雌虫宛如明灯，成年的雄虫则如摇摆着的灯笼，萤火虫的一生从开始到结束时时刻刻都在发出光芒。这种光芒宁静而温柔，就像从月亮上倾泻而下的幕幕银辉，犹如一场交错时空的光的盛宴！

如今，在城市中我们已经很难见到萤火虫的身影了。据生物学家介绍，这是因为萤火虫对生态环境的要求非常高，凡是有污染的地方它们就难以生存。因此，为了能再次看到这种"小精灵"，希望大家能爱护环境。

黑腹狼蛛

在一般人的印象中，蜘蛛都是用结网的方式来捕食的，可黑腹狼蛛不是这样的。那么，黑腹狼蛛是靠什么手段来捕食呢？它的秘密武器又是什么呢？

毒獠牙

蜘蛛的名声并不好，许多人把它说成是一种可怕、丑陋的坏家伙。人们若遇到它，胆小的赶紧绕行，胆大的就一脚上去把它狠狠地踩死。其实，如果我们仔细地观察它、了解它，就会发现，蜘蛛虽是个狡猾的猎人，但也是一个勤奋的劳动者，是一个天生的纺织家。只是，我们一直太专注于它的狰狞外表和剧毒獠牙。

不错，蜘蛛是长着两颗毒牙，但这显然不能成为给它判定罪名的证据，因为自然界的万物都是在食物链上生存，大鱼吃小鱼，小鱼吃虾米，动物间总是不断地进行着追逐与残杀的游戏，而这个游戏却是维持生态平衡的重要条件。蜘蛛的毒牙就像老虎的牙齿，不过是获取猎物的工具罢了。从这点看，蜘蛛就没有那么可怕了。再说，毒死一只飞虫和毒伤一个人毕竟是迥然不同的两件事，我相信，对大多数人而言，蚊子在胳膊上的轻轻一吻可能比蜘蛛带来的

后果更令人生气!

　　可是，如若遇到某些蜘蛛确实要分外小心，尤其是狼蛛，人们对它的描述总是充满忌惮和谨慎。据说，在意大利，凡是被它的毒獠牙咬过的人，无一例外地出现了让人恐惧的反应——身体痉挛①，疯狂舞动。而治疗这种怪病的灵丹妙药竟然是几首特殊的曲子。还有人为此专门写了曲谱，并画上相配合的舞蹈动作。听起来是不是有点儿可笑呢？但是，仔细想想又觉得这不是不可能发生的事，因为人在身体虚弱或是神经紧张时，受到突然的刺激通常会失去常态，做出一些令人意想不到的举动，某些柔和或轻快的音乐只要与其当时的心理需求相符，就会起到缓和镇静的作用，而剧烈的跳舞会使人出汗，排出毒素。所以，毒獠牙的可怕应是真实的，至少我认为部分是名实相符的。

狼蛛的习性

　　关于毒獠牙，对强壮的黑腹狼蛛的研究可能会给我们一些新的思考。而我有幸在阅读了博物学家莱昂·杜福尔对普通狼蛛的记述后，实现了心中的愿望。我带着受到的指引和启发，对家门口的黑腹狼蛛进行了细致的观察，并做了详细的记录，现在一一向大家介绍。

　　黑腹狼蛛，顾名思义就是腹部长着黑色绒毛的狼蛛，身上还装饰着褐色的条纹，腿部则是一圈圈的灰色和白色的斑纹。它们只有普通狼蛛的一半大，喜欢在干旱空阔、多石炙热，最好还长满百里香的地方居住。而我的荒石园恰好满足以上条件，地上有20多个狼

　　微词典　① 痉挛：肌肉紧张，不由自主地收缩。多由中枢神经系统受刺激引起。

蛛洞。我在一块石头旁的洞口趴下，向里看去，里面黑乎乎的，只见4只亮晶晶的眼睛，就像夜晚的猫的眼睛。那是隐居者的"望远镜"，而它们真正的4只小眼睛却是我无法看见的。

这些洞深约一尺，宽只有一寸，开始是垂直下去，到深约五六寸的地方就成一个钝角水平挖掘，之后再垂直开凿，一路弯弯曲

黑腹狼蛛的身体只有普通狼蛛的一半大，喜欢在干旱空阔、多石炙热，最好还长满百里香的地方居住。

曲。在洞内，狼蛛有一个非常好的装修习惯，就是用自己的丝罩在泥壁上，这样不仅可以防止坍塌，而且利于攀爬，可是黑腹狼蛛没有丝，便只好委屈将就地住了。狼蛛也会收集一些枯枝败叶、石子木屑，放在洞口四周做成防御围墙。墙栏的高度略有差异，面积也不同，这往往受制于地形因素和工程时间。但是，无论如何，对这些工程师而言：不管哪种材料，离得最近的就是最好的。

抓捕狼蛛

某日，我想抓一只狼蛛仔细瞧瞧，便拿着一根麦子在它的洞口晃来晃去，还模仿蜜蜂的嗡嗡声，希望能引它出洞，一举将它抓获。可是，这个黑家伙实在很聪明，在水平通道里小心谨慎地观察了半天，实在受不了诱惑才走进垂直通道里。可刚走两步，它就发现了这个陷阱。至于暴露原因，也许是我的手指，也许是我的叫声。总之，它死活不再前进。

我又想起一个朋友说的方法：把狼蛛引到垂直通道里，然后把一柄尖刀插入土里，穿透通道，这样走投无路的狼蛛就会出来。我拿着水果刀回来才发现这根本不适用，因为荒石园的土又干又硬，很难把刀插进去。

我没有因为计划的失败而放弃，没过两天便又想出一个更好的办法。早上，我拿着新鲜的麦子蹲在洞口，没有像往日那样来回摇摆，而是把它慢慢地插进洞里，一直到只露出一截儿麦秆的时候才停下。我屏息静听，生怕注意力一分散就会错过什么。大概过了几十秒，期待的事情发生了。

通过麦秆，我的手指隐约感觉到麦秸的头部轻微晃动了一下，我知道，是狼蛛在比较哪颗麦粒大，它似乎并没有吃早餐的好习

我想抓一只狼蛛仔细瞧瞧，
便拿着一根麦子在洞口晃来晃去。

惯。但是，这并不妨碍我的实验，就在这时，我使劲把麦子胡乱摇了几下，受到突然刺激的狼蛛顿时脑子空白，以为是危险来临，快速地张开獠牙咬住麦穗。

我忍不住露出满意的微笑，因为当我试着去拉麦秆时，清楚地感觉到那个笨家伙正死死地咬着，这更有利于我执行下一步计划了。我轻轻地、慢慢地往外拉麦秆，尽量不让狼蛛感觉到自己离洞口越来越近，偶尔我还会猛地摇一下麦秆，吓得它时刻保持战斗状态，一点儿也不敢松懈。虽然狼蛛用尽力气把腿脚扒在泥壁上，可它毕竟是只蜘蛛，我小指勾一勾的力气也会比它大。

很快，狼蛛就到洞口了。这是一个关键时刻，如果处理不好很可能前功尽弃，让狼蛛转身逃走，所以这也是一个需要采取动作的时候。就在我确定狼蛛离洞口不过两厘米时，我"嗖"地一下将麦子快速拉出，扔在地上。再看那个黑家伙，依旧执着地继续着自己的"伟大事业"。

我对这项工作有些着迷，当晚就又想出一个绝妙的主意。只需把一只熊蜂装进一个小口的玻璃瓶里，然后把瓶子倒过来塞在狼蛛的洞口，那么狼蛛肯定会寻食而来。当两只在各自的领域里都十分善战的昆虫相遇时，会碰撞出怎样的火花呢？结果是，狼蛛更胜一筹！当我用镊子把战死的"英雄"捏出来时，狼蛛赶忙跟上来，它可不会放弃这到手的美食！等它大胆地从洞口爬出，我就用石子或手指赶紧把洞口堵上。

可想而知，当狼蛛回头发现我时，它已经永远告别了自己的家。说实话，这个办法比上一个更快、更有效，唯一让我遗憾的就是熊蜂的离去。

我就用这两个办法捕获了很多狼蛛。后来，这还成了附近村民们共用的绝活。

狼蛛的猎食

我在实验室里放了大小不同的狼蛛，对它们的猎食我充满探求的欲望。因为狼蛛不同于一般的动物，它们对于食物从来没有存储的概念，更不会为了保鲜而费尽心思让猎物苟延残喘地多活几天。它们是凶残的杀手，碰到食物如同碰到强敌，从来不会保留一点儿实力，总是急急地发出致命的攻击，很快就把美味当场吞下肚！

其实，狼蛛获取食物也是不容易的，经常要冒很大的风险，虽然它总是主动扑向对手，灵敏地施展着骇人的武艺，瞬间就可将对手击倒在地，但是实际上却也有着运气的成分。有时，连长着利牙的蚂蚱和带有毒针的胡蜂都会给狼蛛造成很大的威胁。它不像普通的蜘蛛，可以吐丝捆绑和网罗猎物。它没有任何防御的武器，除了獠牙和勇气。

为了证明我的结论没有差错，我曾不止一次地挑选更大、更强壮的熊蜂去做诱饵，它们似乎与狼蛛势均力敌，但它们的强劲也毫无意义。不管我多迅速地把它们从狼蛛洞里拿出来，没有一只能幸免于难。就算是响尾蛇也不可能这么快地杀死一只猎物啊！而对狼蛛来说却只是几秒钟的事，有时或许只需一秒。因为它们在洞里，我没有看见狼蛛到底咬了熊蜂哪里，是什么地方的致命一击让熊蜂颓然倒地。为了揭开谜底，我把一只狼蛛和熊蜂装进了玻璃瓶。

让人意外的事情再次发生了！也许是环境改变的缘故，它们竟丝毫没有伤害对手的想法。只是谨慎地缩在各自的地盘，互不理睬，不断地用腿蹬着玻璃，想着出去的办法。显然，失去自由比饿肚子更为可悲。

一天后，我无奈地把熊蜂换成了蜜蜂和胡蜂。因为不管单独放哪只都显得势单力薄，我就干脆两只一起放进去了。实验算是成功了，可整个过程在天亮前就结束了，等我从床上起来走过去看时，

里面只剩一些鞘翅的碎片。

最后，我不得不把战场从实验室改到狼蛛的家门口。随之，狼蛛的对手也变成了不爱钻地洞的木蜂。

木蜂身着黑绒衣，舞动着轻纱般的紫红翅膀。它是唯一有希望把狼蛛引出地洞，在光天化日下进行决斗的选手了，而且它本身也

狼蛛和熊蜂在玻璃瓶里互不理睬。

很强大，又有自己的独门宝刀——尾刺。我曾很不走运地亲身尝试过它的厉害，虽然被刺的时候就像小时候病了妈妈给我扎针放血的感觉，但伤口处的肿块大约过了半个月才在药水的作用下消退。它的确是值得狼蛛去决一胜负的劲敌。

我先把两只又大又凶还饿了几天的狼蛛放进洞里，接着又把几只木蜂装进玻璃瓶，像上次一样倒着卡在狼蛛的洞口。木蜂们在里面激烈地东飞西撞。我呢，一心拿着放大镜瞅着洞里。果然，狼蛛听到动静反身爬了出来，在垂直通道里停下，看着头顶的景象，不敢贸然前进。10分钟过去了，20分钟过去了，半个小时也过去了，它们只是呆呆地看着，等待着。又过了大概10分钟，它们若无其事地扭头走了。我只好拿起瓶子，又找了一个洞塞进去，结果也是一样。第三个、第四个……一直到黄昏的时候，我才有点儿收获——一只饿极了的狼蛛听到木蜂的声音，不管三七二十一，从洞里爬出来，直接就跳进了瓶里。可是，这并不是一场预期的激战，悲剧也只持续了几秒钟。3只木蜂全死了。

我趁此机会清楚地看到狼蛛的毒獠牙一口咬在了木蜂的背颈上，正中目标！那可是木蜂的中枢神经啊，可怜的家伙还没来得及做出反击，有力的翅膀就耷拉下来，整个掉进了洞里。可想而知，狼蛛之所以能利落地干掉猎物，肯定是非常清楚它们的致命处在哪儿。那么，它是对每一个敌人都了如指掌吗？这是它的特异功能还是后天的自我积累呢？真是让人百思不得其解。

我带着疑惑继续做实验，但结果一次次证明了自然界的神奇与伟大。虽然大多数的狼蛛选择安全地退回，不愿冒险去和并不好欺负的木蜂针尖对麦芒，但有两只饿得根本想不了那么多，它们疯狂地扑上来，无一例外地咬在木蜂的致命处。

显然，这些绝不是巧合。

狼蛛的毒液

其实，经过这几次实验，我们很清楚厉害的不是狼蛛的獠牙，而是它獠牙上的毒液。这种毒液似乎并不比世界上有名的暗器逊色。为了测出毒液的毒性，了解獠牙咬的部位不同会有什么不同后果，我决定将实验进行到底。

我把十几只狼蛛分别装进玻璃瓶里，又把木蜂、绿蝈蝈准备好。

实验开始了。我对于木蜂被咬住颈部的悲惨命运记忆犹新，所以这次我直接用镊子把狼蛛固定住，然后用另一只镊子把木蜂夹住

狼蛛看着头顶的木蜂，不敢贸然前进。

送到狼蛛嘴前，只是冲着狼蛛的不是木蜂的脖子而是肚皮。狼蛛毫不犹豫地一口咬下。我赶紧把木蜂收回来，仔细看看，没发现什么大变化，放进瓶里，它仍旧自如地飞着。此刻，我又以为真正厉害的是狼蛛的獠牙。没想到，半个小时后我再去看木蜂，它已经安静地躺下了。

对于绿蝈蝈，我是一度抱着奇迹会发生的想法的，只可惜现实粉碎了所有想象。当狼蛛的獠牙咬住它的脖子时，我已经看出它的身体在颤抖、萎缩，两秒后，我应该没有多算，就两秒，它就黯然倒下了。我又拿来一只，让狼蛛在它的腹部咬了一口，它坚持了半天后，也死掉了。

从这个实验里，我不仅知道了狼蛛的毒液的毒性有多强，也明白了为什么狼蛛在遇到木蜂时，大多数选择避而不攻。那就是，在同样厉害的对手面前，没有制胜的足够把握，它们宁愿放弃也不会贸然攻击。毕竟，被螯针扎在身上可不像得个小感冒一样那么容易好起来。

有一天，我从树林里捉回一只刚出巢的小麻雀，让狼蛛在它的腿上咬了一口。小麻雀当然不会立即死去，只是腿上滴下一滴血，接着伤口周围慢慢扩散出一层红晕，一会儿又变成了紫色。那条腿已经不能走路了，可小家伙并不放在心上，看到桌上有一小堆米，便拖着那条腿过去吃，看起来还吃得很香的样子。

我的女儿们发现了它，心疼地把它抱回卧室，喂它死苍蝇、面包屑，它来者不拒，一直吃得津津有味。第二天，女儿们在院子里玩耍，小家伙竟然忍不住"唧唧，唧唧"地叫起来，发出挨饿的信号！我以为小麻雀可以逃过这个劫难，瘫痪的腿不久就会好起来。可第三天，女儿们把小家伙捧在手心，哭着为它哈着热气，跑进实验室向我求救。它蜷缩着身子，脑袋无力地趴在女儿的手心上，绒

毛已不再滑顺，而是脏乱地随意散着，身体时而微微动一下。后来，它便开始痉挛，痉挛得越来越厉害，次数也越来越多。最后，它瞪着米粒般的圆眼睛，张开鹅黄的嘴巴，发出一声无力的呼唤，宣告一切结束！

我至今仍清晰地记得当天晚餐时的情景：幼小的孩子们对我这个爱做实验的爸爸撅着嘴巴发出无声的谴责和不满。我第一次感到惭愧，想到自己为了一个明知结果的实验和无止的好奇心，杀害了一只本该在天空自由飞翔吟唱的小鸟，真是懊悔不已。

可没过多久，当我看到一只鼹鼠在莴笋地搞破坏时，我还是想方设法用一只笼子把它套住，带回了实验室。本想饿它几天几夜，

当狼蛛的獠牙咬住蝈蝈的脖子时，我已经看出它的身体在颤抖。

或许能对狼蛛构成足够大的威胁，可转念一想，这样是不是容易把它饿死呢？到那时，得出的结果恐怕也不准。我干脆把它养起来，每天喂它好吃的——甲虫、蚱蜢、绿蝈蝈，还有它最爱的蝉。两天后，鼹鼠已经完全适应了被囚禁的生活。我便让狼蛛在它的嘴角咬了一下。开始，鼹鼠只是不断用爪子抓挠嘴角，一副痒痛不堪的样子。当晚，它吃下的蝉的数量就比中午时少了1/3。第二天，它只吃了平日食量的1/3，还吃得慢吞吞的，仿佛极其不舒服。我猜它肯定浑身难受，而且它的嘴角出现了轻微的溃烂。第三天早上我醒来时，鼹鼠已经死了，看那样子已经死了几个小时了。昨晚放进笼中的它的"晚餐"此刻正四处碰壁，寻找逃生的一线希望。

我的实验到此停止了。因为我真的不确定也不知道，在昆虫受难后，在稍大一点儿的动物离去后，在相对于狼蛛来说是个庞然大物的对手倒下后，下一个实验对象是什么。还有什么值得一试？是人吗？我不知道。只是在此我不得不郑重地表达我的看法，以我的眼睛看到的、耳朵听到的、双手做过的为依据，向大家说：永远不要轻视黑腹狼蛛的毒獠牙，它对你来说并不是可以随意玩弄的毛毛虫或小狗。同时，仅以此话敬告世界医学界。

读后感悟

　　黑腹狼蛛最大的武器就是它的毒牙，毒牙上藏着毒液，不仅可以轻而易举地杀死体型较小的昆虫，甚至连麻雀和鼹鼠这样体型相对较大的动物都未能幸免于难。所以，能力的大小有时候和体型大小并不成正比。正所谓"尺有所短，寸有所长"，只要把能力用在了正确的地方，世界上就没有无用的东西和人。

蟋 蟀

平时，我们只能听到蟋蟀的叫声，每当想要靠近它的时候，它早就钻到洞穴里面去了。那么，蟋蟀的洞穴是怎样的呢？我们可以用什么方法抓住蟋蟀呢？

关于隐居点的故事

住在草地里的蟋蟀名声远播四方，几乎要抢尽了蝉的风头。它还凭借着自己清亮的歌声和隐蔽的住宅一举将"世界经典昆虫"的称号收入囊中。这可是非常高的荣誉，迄今为止也没有几只昆虫能得到如此高的赞美。从此，它便被载入史册。

唯一让人感到遗憾的就是，伟大的、擅长让小动物们说话的寓言家拉·封丹并没有意识到这个小家伙的天赋与才华，只让它在《野兔的故事》里说了短短的几句话。

故事大概是这样的：一只凶恶的老虎被一只头上长着角的不知名怪物踢伤，为了防止日后再发生这种恶劣的事件，它便向整个大森林发出通告，说要把头上长角的动物统统吃掉。天真的小野兔听说了这件事，看到自己的耳朵投在地上的影子很像两个小角，又想起那些爱撒谎和污蔑它的小动物们，便惶恐不安地收拾东西准备逃跑。临行前，她想起自己的好朋友——真诚的蟋蟀，便来向他道别。

　　小野兔喊道：

　　"再见了！蟋蟀！我的好朋友，我要走了。

　　大家会把我的耳朵说成是角的！"

　　蟋蟀跳出来，不解地问道：

　　"什么？你以为我不会思考么？

　　耳朵是上天送给你的礼物啊！"

　　小野兔依旧担惊受怕地说：

　　"可是老虎会把它诬赖成角的！"

　　以上便是关于蟋蟀的全部对白。虽只有短短几句，但也足够让大家铭记。只是，小野兔还是固执地离开了。或许当流言蜚语①围绕自己时，逃避也是个不错的办法。

　　另外，法国有一位叫作弗罗里安的作家也曾描写过蟋蟀。他比拉·封丹写得多，并且把比较深刻的主题赋予在了那小家伙身上。只是，从里面我除了看到华丽的辞藻和虚而不实的框架外，别无所获。最主要的是，他笔下的蟋蟀缺乏激情，哀怨生活，焦虑悲观，是一副彻头彻尾的怨妇模样。对此，我感到无比失望。

　　这可完全不是事实啊！只要和蟋蟀有过一点点儿接触的人就应该知道，它们不仅为自己的歌唱才华感到快乐，更是为能建造出让别的小动物羡慕的居所而感到自豪，总之，它们的生活愉悦又满足。

　　让我稍感安慰的词语只在最后出现了，当美丽的蝴蝶跌落在泥

微词典　①流言蜚语：没有根据的话。

花蝴蝶薄薄的翅膀色彩斑斓，
上面排列着蓝蓝的小月牙。

泞的沼泽里时，他才让蟋蟀自由地吐露了心声：

> 啊！我温暖的小屋，是个神秘的地方！
> 如果想过得快乐舒心，就像我一样隐居吧！

　　相比之下，写得更真实、更有力的还是我的一位朋友的作品。他不是有名的大作家，可以说在文学界默默无闻，但他贴切地让蟋蟀的灵魂从笔尖流淌到我们眼前。他在《蟋蟀》中这样写道：

> 为大家讲一个小动物的故事。
> 从前有一只淳朴善良的蟋蟀，
> 闲暇时总会在门前的土堆上晒太阳。
>
> 这天飞来一只漂亮的花蝴蝶，
> 她高高地舞动着，
> 身后拖着长长的尾巴，
> 薄薄的翅膀色彩斑斓，
> 上面排列着蓝蓝的小月牙、
> 金黄的斑点和油黑的绸带。
>
> 隐士说道："飞舞吧！飞舞吧！
> 你总爱整日在花丛中游走。
> 可那艳丽的玫瑰，
> 灿烂的菊花，
> 永远比不上我地下的堡垒。"

突然，一阵暴雨袭来，
美丽的蝴蝶无处藏身，
豆大的雨滴将她打落在地，
华丽的绒衣瞬间被污泥覆盖。
闪电划过，雷声隆隆。
蝴蝶疲惫地挣扎着。

而蟋蟀呢，
早已回到安全的港湾，
狂风暴雨似乎来自另外的星球。
他悠然地唱着："克哩！克哩！"

朋友，
千万不要迷恋尘世的繁华，
更不要被虚荣和骄傲迷惑了双眼，
只有一个安静而温馨的家，
才会拭去灾难中我们的眼泪。

　　这首生动的诗让蟋蟀形象地驻扎进了我的脑海。我仿佛看见它们此刻正悠闲地窝在家门口的小土坡上，调皮地玩弄着头顶的触须，还不时翻转一下身子，好让腹部和脊背能轮流晒晒太阳。

　　它们的生活积极而乐观，对其他小动物宽厚而真诚，对路过的那只不幸的蝴蝶也不忘提出自己的忠告，不会因为自己平凡的外表而嫉妒蝴蝶的美丽，相反还总是表现出大度和同情。那态度真有些像拥有街边店铺的有钱人，看见那些穿着招摇却明显无家可归的人时，脸上流露出怜悯之情。

　　蟋蟀还是哲人，从不贪图那些缥缈的东西，更不喜欢世上的哗闹，它们珍惜的只是上天赐予的爱唱歌的情趣和隐居的习性，并对此感到相当满意。在独享自然的平和与宁静时，它们也懂得了知足常乐的意义。

　　可是，类似于这样的故事并不能让人们长久地记住蟋蟀。它们依旧在等待。也许，就从拉·封丹把它们遗忘的那一刻开始，这种等待便已开始了，而且注定是一种漫长的煎熬。

　　现在让我们回到故事本身。有一点是我想要郑重提出的，那就是在后两篇作品中，蟋蟀的洞穴无一例外被用作了故事的终结。我有些纳闷，这个隐居点有这么重要吗？为什么呢？

洞　穴

　　在各种各样的昆虫中，蟋蟀确实显得超群出众。它们是心思缜密、对未来有长远规划的智者。大多数动物总是在需要的时候才会寻找居所，就像我们中的大部分总是在考试前才会慌忙地挑灯夜战。而蟋蟀呢？从不干这种临时抱佛脚的事。

　　蟋蟀成年后，就会用自己勤劳的双手建出一栋属于自己的房子，用来遮风挡雨，作为一生的港湾。尤其当寒冷的冬季来临时，那个深藏地下的陋室便更让人羡慕，住在里面几乎连外面的风声都听不到。而其他大部分小动物此时却冻得瑟瑟发抖，不是钻到农人的羊圈里，就是躲到枯草堆下，还有一些藏在别的动物废弃的土窝里，另一些稍勤快的就简单弄个容身处。不过，这倒也有个好处，得到的时候不用付出辛苦，丢弃时也不会觉得可惜。大家似乎也对这种周而复始①的

　　微词典　① 周而复始：一次又一次地循环。

生活习以为常，每当春天到来，就会忘记冬天受的那些苦。

也有少数几种昆虫，出于母亲的使命，为了产卵孵化，会建造出一些让人感到新奇的住宅。比如，有的用从垃圾桶里捡回的棉布做成口袋房，有的用绿绿的树叶做成小摇篮，还有的学燕子用泥巴垒成小尖塔。

自然界就是这么奇妙，除了上面说的那些，还有一些依靠猎物生存的小昆虫，它们选择了更另类的方式——直接住进陷阱里。

虎甲虫就是其中之一。这个小家伙又懒又贪吃，专门干一些拦路抢劫的勾当。它最擅长的就是在路上挖一口深深的井，然后藏在里面，再用自己平滑的古铜色的大脑袋将井眼堵上。一旦小昆虫经过这个极具迷惑性的大门时，它就会迅速地张开月牙形的大嘴，美美地把那个不幸的过客吞下肚，接着再期待下一位的到来。

和虎甲虫在居住捕食方面有异曲同工之妙的就是地牯牛。这是种喜欢居住在沙地里的小昆虫，成年后很像蜻蜓，但幼年时却长得奇奇怪怪，胸部以上类似于缺腿的蜈蚣，胸部以下又如苗条的乌龟，而且灰黄色的身上稀疏地长着一层毛刺儿。它平常倒着走路，还会边转圈边钻坑，一会儿就能把自己埋在四周倾斜了的漏斗形的沙坑里，只露出大颚。为了让坑边的土变得更加松软，好让猎物滑下来得更快些，它还费尽心思地用嘴巴把坑底的土往外弹。唉！这个处心积虑的坏家伙！

为此付出代价的往往是那些不辞辛劳去寻食的蚂蚁。当它们排着整齐的队伍走来时，最前面的那几只总会落入陷阱，顺着踩塌的沙土流入坑底。这时，地牯牛就会扔出小石块，把这些蚂蚁全部击毙，然后吃掉。

总之，以上说的这些个个都是临时性的避难所，这对于生活来说实在不是长久之计！住所毕竟是仅次于食物的大问题，如果只指望几片树叶、一块顽石为自己遮风挡雨，那生活过得也太过于潦草了！

在选择住宅方面，蟋蟀无疑是最好的榜样。它们不会像狐狸或獾那样随便找个像洞的地方就住下，因为那既脏又不美观，也不会像兔子挖条地道就敷衍了事，更不会为了狩猎或生育就随便找个地方称之为家。它们对家的要求并不比人类差多少，尤其在地址的选择上，总是要经过一番精挑细选，就像人们在买房子时会考虑价格、楼层、地理位置、交通、环境等因素一样，它们也喜欢把草

当蚂蚁排着整齐的队伍走来时，最前面的那几只总会落入陷阱，顺着踩塌的沙土流入坑底。

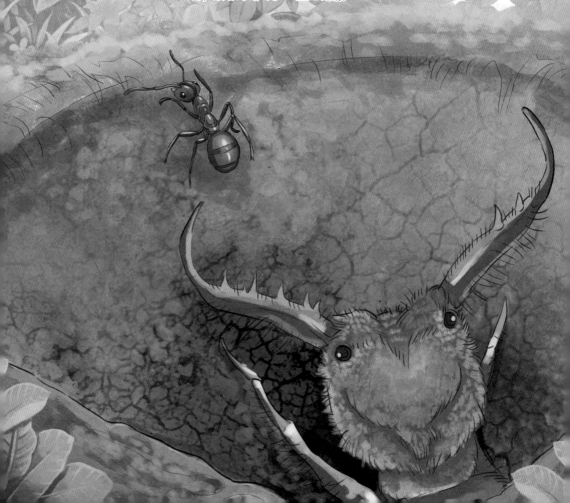

坡、干净、向阳作为最终的参考条件。而且，它们只要决定了在哪动工，就会不怕辛苦地日夜挖掘，从走廊到卧室，样样不缺，直到一座乡间的小迷宫出现在眼前，从此过得安逸又自在，不再迁移。

蟋蟀或许是大自然中除人类之外的唯一一个拥有精致的固定居所的"公民"。然而，一切还远不止于此。因为到目前为止，我还没发现有哪种动物至少在建筑技术方面能更胜它一筹的。

可实际上，人类在懂得搅拌水泥与石子、用黏土刮刷墙壁并学会设计房间布局之前，不也有较长的一段时间住在类似狼窝的洞里吗？不也曾穿着树叶做的衣服在山洞里过夜吗？不也曾为了占据一个小山头把树枝折断削尖与野兽搏斗吗？所以，人类并不是天生就会盖高楼大厦或修建柏油马路。

但是，大自然却偏心地让这种特殊的本领在蟋蟀的身上尽情地体现出来。它们对住宅的敏感度天生就达到了异常精通的程度，并清楚地知道一个隐蔽的安静之所是舒适生活的基础条件，而一个温馨的家更是生活完美的保障。可惜，大多数动物，甚至有好多比蟋蟀还要高等的动物，并不具备这种认识。

那么，蟋蟀的才能是从哪里来的呢？是它有特殊的造房工具吗？是大自然的赐予吗？然而，一切答案都是一个字：不！蟋蟀没有天生的优势，如果和其他动物比挖掘能力，大家就会因惊讶而张大嘴巴，为它们用柔软的工具建造出坚固的房子而感到不可思议。

是不是因为它们皮肤娇嫩，经不起雨打风吹，所以才不畏辛劳地提前为自己做好安全的保护措施呢？可答案依旧是不。因为有很多和蟋蟀类似的小昆虫，虽然它们身体单薄，抗击力差，可一点儿也不害怕暴露在太阳下，甚至还很喜欢在草间游走。

难道这是由蟋蟀的身体结构而引起的一时冲动吗？可这也同样不能成为有力的论据。因为据我亲身观察，就在我们家后面的荒石园里，住着另外3只蟋蟀。它们长得几乎和田间蟋蟀一模一样，不论是长相还是身体颜色，要是不细心看便很容易混淆。但是，外表真的只是同族的一个标志而已，至少在蟋蟀身上是这样。我这样说的原因是我家荒园里的蟋蟀竟没有一只会挖掘建造房子。这可真让人大跌眼镜啊！

那只比田间蟋蟀稍微大点儿、身上长着斑点的家伙，把家安在腐烂发霉的草堆里；而那只孤僻的、稍小一点儿的独行者，更喜欢徘徊在农人翻耕的土地缝里；剩下的那只更瘦小，不过胆子却很大，每年到秋收时节，总会想方设法地跳进屋子，然后躲在某个我看不见的阴暗角落，浅声唱着愉快的曲调。

看来，如果我再继续上面的追问，似乎也只会告诉大家我的愚昧。当所有的答案都用一个"不"字就做出了准确回答，被人称赞的执着在此刻会变得毫无意义。

蟋蟀那生来就有的本领，并不想为我们提供任何线索。它的身体、构造、挖掘用的柔嫩工具，只是单纯地各尽其职、各显其能。即便在同类中，比如我上面提到的几种几乎相同的蟋蟀，有些还明显更为强壮，也只有田间蟋蟀具备这种建造的才华。这进一步说明，本能是一种多么奇妙的东西，而我们，包括那些伟大的自然学家，在这个问题面前也同样显得头脑空白。

说到蟋蟀的家，这回应该没有谁不认识吧！在我们还是贪玩的孩子时，草地就是我们主要的活动场所。我们在那里自由地奔跑，肆意地追逐打闹，享受着单纯的快乐。每天也总有那么一段时间，我们会变得小心翼翼，充满好奇，把寻找蟋蟀并趴在它的门口骗它出来看成是最与众不同的游戏。不管我们怎样通力协作，也不管我们如何蹑手蹑脚，那聪明的小家伙总能警觉地感应到我们的靠近，并立刻收起歌声，迅速转身，以非凡的跳跃钻到迷宫的最深处。当

这只蟋蟀躲在我看不见的角落，
浅声唱着愉快的曲调。

　　我们好不容易找到这座隐蔽的居所时，门前已是空空荡荡。

　　凡有过这种经历的人都应该知道下一步该怎么做吧！让藏匿的隐居者重新现身是多么有意思的一项挑战啊！随手从旁边拔一根小草苗，慢慢地伸进洞里，软细的小草会随着洞穴的改变而顺利前行，一直到达隐居者伏身的地方。然后不断晃动手中的草苗，蟋蟀就会感觉全身在被挠痒痒，也会好奇上面是谁在捣鬼还是哪根草叶想游览一下自己的秘密基地。等你再把小草拉出来，它虽然有些担心，但也会好奇，便跟着爬过黑暗的通道。有些在路过自己的卧室时，还是会驻足考虑一会儿，迟疑着，晃动着细细的触须，听着外面的动静。但是，大多数的结果是蟋蟀忍不住再次回到了光明的世界。这时，要捉住它就是易如反掌的事了。小伙伴们分散开，把各条可逃生的线路都死死地把守住，那可怜的小东西不论从哪边突破都是自投罗网！偶尔，有些蟋蟀也会侥幸逃脱，那么下次再遇到这种事时，它就会变得格外多疑谨慎，对于草枝的打扰也选择置之不理。这时，我们往往会采用另一种手段——从河边的小溪里舀一瓢水，顺着洞口灌下去，一直到溢出来为止。虽然有些残忍，但效果却比之前的办法更好。

　　啊！那是把蟋蟀放进精心编制的草笼里喂养的美好时代！那是让我怀念的与小伙伴们在草间四处抓捕蟋蟀的纯真记忆！在我为了研究而重新体验那段难忘时光时，往昔历历在目。

　　我儿时的伙伴小保尔是个抓捕蟋蟀的高手。他总能趴在洞口，耐心地用尖尖的草叶与蟋蟀长时间斗智斗勇。当我百无聊赖地坐在一旁观战，几乎快坐不住时，忽然看见他激动地跳起来，合捂着双手，兴奋地大叫："我抓到它了！我抓到它了！快！把它放进纸袋里！"这会儿我又恢复了精神头儿，赶紧站起来把纸袋撑开。小保尔小心地把蟋蟀放进去，再将袋口收小，我们看见它胖乎乎的小身子紧紧缩在袋子角落。但是，只要把新鲜的莴苣叶子扔进去，它就会犹豫着走过去，虽犹豫再三，但最终还是埋头吃起来。有好几个夏天，我们悉心地照料蟋蟀，成了养蟋蟀的小专家。说实话，那真是种莫大的童趣啊！

　　在抓捕饲养的过程中，我们也不时好奇地挖开蟋蟀的洞穴，瞧瞧里面到底是什么模样。至于结果，我只能说远比我们想的复杂和宽敞。

　　蟋蟀的家一般在碧绿浓密的草坡上，是阳光充足、利于排水的好地方。

　　顺着坡道有一条拇指粗的坑道，随着草根石子的堵截，或曲折或笔直地延伸下去。这也是为什么即使下了暴雨，这里也能很快就干的原因。

　　出于习惯，蟋蟀的洞口总是半遮半掩地堵着一撮青草，不细心观察是很难发现的。它们出去吃草时，也绝不会碰那扇雅致的洞

帘，而是任其随意生长，在温暖的阳光下投进通道细细的黑影。入口倾斜着，有一小块略平的高地向里延伸而去，已被蟋蟀修整得平滑而洁净。在每个风和日丽①的闲暇时光，它们就走上这简单的表演场，悠闲地拉琴高歌，开始一天的独奏音乐会。

洞内风格也颇符合哲人的性格，不奢华，虽是土墙却不粗糙。它们是些自我要求极高的小昆虫，对周边环境也是如此，总会利用空闲时间把坑坑洼洼的洞壁一点点儿抹平。

在通道的尽头，有一个豁然开阔的小洞穴，这就是蟋蟀的卧室。这里看起来比其他地方修建得更好一些，墙壁也更光滑。总之，它们的小家十分简单、整洁，也不潮湿，可也绝不像我们从书本或电视里看到的城堡那样辉煌而壮丽。但是，对于这些用细柔的小爪挖掘建造的勇敢者来说，这已是一项足够伟大的工程了。而要想了解蟋蟀挖掘洞的过程，还必须先回顾它们产卵的阶段。这跟螳螂筑巢略有相似。

蟋蟀的卵

5月份的时候，我把成双成对的蟋蟀捉回了家，在花盆里洒了一层松软的沙土，便算作是它们暂时的居所。为了防止逃跑事件的发生，我把网罩撤掉，拿一块玻璃把盆口盖好。平日的食物则是菜地里的莴苣叶，看它们吃起来的样子，我肯定它们对此还是很满意的。

6月初是蟋蟀产卵的最佳时期，我的辛苦研究也终于得到了满意的结果。一天早上，我发现蟋蟀趴着一动不动，还差点儿以为是

微词典 ① 风和日丽：天气晴朗暖和（多用于春天）。

玻璃盖封得太死导致了缺氧，当拿来放大镜仔细再看时，才知道这胖乎乎的家伙正做着意义重大的事。在它的尾部，有一根又细又短的直管，这里就是卵的排出口，此刻正全部插进了土里。它以一个姿势保持了好久，对于我好奇的骚扰也完全不予理会。又过了十几分钟，它终于抽出卵管，用尾巴轻轻在地上一扫，埋藏卵的坑迹就不太明显了。它在原地休息了一会儿，然后转身朝别处走去。重新选好一个地方后，它再次停止不动，把卵管插进土里。就这样，它走走停停，这儿一点，那儿一点，几乎把整个可活动的空间走了个遍。整整一天过去后，产卵才宣告结束。

我又等了两天，确定蟋蟀不会再产卵，于是，我把土层翻开，在五六寸深的地方，看见了灰黄色的卵粒。它们长约3毫米，呈一种两头圆的柱体形态，垂直分布排列，数量不等，颗颗分离，但距离挨得较近。卵几乎遍布整片土层，想要一颗一颗数清楚可并非那么容易，但据我利用放大镜进行的统计，一只蟋蟀一次至少也能产出五六百个卵。虽然数量庞大，但很显然，它们也会像自然界的其他小动物一样，在不久的将来，免不了接受一场严酷的生存淘汰考验。

蟋蟀卵犹如一台拥有特异功能的机器。孵化以后和之前相比，完全变了样子。卵壳变得好像裹了一层白色的布，顶端还开着一个圆圆的小孔，孔旁竟连着一顶好似刚摘下来的小帽子。但是，这并不是幼虫在出壳时由于相互推让或冲撞而弄坏的，而是原本在卵壳上就有的一条不太严实的细缝造成的，当幼虫在内部进行孵化时，卵壳会自行裂开。接下来，就让我们来具体了解一下这个奇妙的过程吧。

卵产下约两个星期以后，顶部的颜色逐渐变暗，还神奇地出现了两块黑红色的大斑点。在离斑点很近的地方，也就是卵体的上

端，有一个环形物从内部凸出。这便是我之前描述的那个小孔，也是小家伙孵化后的唯一出口。再过几天，卵变得透明，通过那层水晶般的外衣，可以清晰地看见小家伙在里面不安分地发生着微妙的变化。这是最重要的阶段，需要更小心、更用心地去观察，因为幼虫随时都可能破壳而出，特别是在早上。

想要看到这些小精灵们的孵化过程，可真不是一件容易的事，需要相当大的耐心和精力。而蟋蟀卵经过一系列的变化之后，在环形凸起物的上面会形成一条细小的裂缝，只要幼虫的额头稍稍一顶，卵的顶端就会被轻而易举地打开。此时，可爱的小蟋蟀便可以爬出来了。刚出生的小家伙们模样并不清晰，被自己的鞘翅裹着，像襁褓中的婴儿，这跟蝈蝈如出一辙^①。

小蟋蟀出来后，卵壳并未破坏掉，而是仍旧完好无损地留在原地，且依然光滑、圆滚。我们都知道鸡的孵化，它们尖尖的嘴上长了一个硬硬的圆形物，幼雏就是用这个啄开蛋壳的。而蟋蟀的出壳过程与之相比就容易得多了，它们只要用头轻轻一顶便可立刻开门而出。

就这样，在夏日还没完全到来之前，我的花盆里的那些前一个月还是孤单父母的蟋蟀，此时已是儿女成群。由此也可推断：蟋蟀的孵化过程是比较短暂的，卵形存在的时间恐怕不超过半个月。

同时，我也一直在推测，蟋蟀幼虫身上包裹的那层薄膜与蝈蝈幼虫的薄膜用途一样，是专门为出生而准备的。但是，事实上，这种说法并不能成立。仔细分析一下便可知道，蟋蟀卵一般在干燥、松软的土壤里，在土中孵化的时间短，而且蟋蟀的幼虫比蝈蝈幼虫个头小得多，卵的位置离地面也更近，所以它们几乎不用薄膜的保

微词典 ① 如出一辙：（车子）好像从同一个车辙出来，形容事情非常相像。

护就可轻易地爬出泥层，有时甚至还没完全爬出来就把外套脱了。蝈蝈却恰恰相反，它们生活的地方多雨、潮湿，土层经过雨长时间的拍打变得坚硬、厚实，而且它们本身孵化时间较长，肢体散开时会显得很大，这对于幼小、脆弱的小生命而言，的确是很不利的，所以用一层膜将其全身裹住来完成脱壳出土就显得必不可少了。

小蟋蟀们虽然顺利出壳了，但毕竟出生在地下，所以命中注定与头顶的泥土少不了一番小搏斗。它们一旦脱下薄膜，就会表现出积极的态度，不断用上颚拱着泥层，而后再用后腿把一些松散的土踢开。现在这些脆弱的小家伙终于到达了地面，迎接它们的除了温暖的阳光，还有生命的冒险。可它们实在太小了，只有跳蚤那么大。但是，令人惊讶的是，只过了一天，它们的体色就由原来的灰白变得黝黑，俨然是小黑皮啊！那全身的白色最后缩成了一个小环，贴在它们的胸膛，远远看去，有些像女孩子们脖颈的项链。不过总体来说，这些小家伙已经露出成年蟋蟀的雏形了。

小蟋蟀的嗅觉特别敏锐，它们头顶细嫩的触须不时抖动着，打探四周的情况，如果此时遇到什么，它们也总能灵活地纵身跃入草丛。可有一点我却感到费解，这些小家伙年幼时是爱挑食的"坏孩子"，每次把莴苣叶放进去，总不见它们吃一口。但慢慢地，它们却变得越来越胖，甚至某一天竟再也不能像以前那样随便蹦来跳去了。这可真让人觉得滑稽！

我喜欢没事就去观察它们，看它们欢唱嬉闹，安静或争吵，但实际上，我也感到愈加吃力。这么多聪明机灵的小可爱，密密地占满盆中的每寸土地，我无法像大自然一样了解它们的喜好，提供给它们可口的食物，而且这狭隘的空间在不久的一天也会成为灾难的来源。最终，我不得不决定将它们送回原本属于它们自己的世界——自然母亲的怀抱。

为了能时刻看到它们，我把它们放在了院角的一片草地里。也就是从那一刻起，它们回到了和其他小动物所在的一样的天堂。我一边期待着明年的夏季会有一场大型的演奏会，一边为它们能否茁壮成长而担心着。毕竟，离开了那个温室，大自然的淘汰考验便随之而来。

不幸的小蟋蟀们在第一天便遭遇了如同小螳螂那样的厄运。就在我把它们放下没有多久，闻到气味的黑蚂蚁和灰蜥蜴就狂热地你追我赶地聚集而来。可怜的小家伙们还处于极度的兴奋中，好奇地看看这株花、瞧瞧那棵草，呼吸着自由的新鲜空气。却不料敌人已经从后面猛扑上来，抓住它们又小又嫩的身子，狠心地咬破它们的肚皮，把它们吞下了肚。那样子真是太可恶了！

唉！这群可怕的魔鬼！我们被它们平日的勤劳蒙蔽了双眼。现

这些小家伙年幼时是爱挑食的"坏孩子"，每次把莴苣叶放进去，总不见它们吃一口。

在，它们残忍地屠杀着幼小的猎物，充分暴露了邪恶的一面。

　　一直到8月份，这场罕见的大屠杀才算告一段落。当然，要不是有幸逃过的小蟋蟀此时已长大一些，不再惧怕蚂蚁、蜥蜴，那残酷的猎杀肯定还将继续下去。我那人丁兴旺的院角现在已是门可罗雀，我不得不为了听首曲子再次步入林中。

　　林中的小蟋蟀四处漂泊，居无定所。只要有一片孤叶或一块石子，就可以安家休息。它们的外表已变得和它们的父母差不多，身着

黑蚂蚁和灰蜥蜴把小蟋蟀当成了美餐。

漆黑的外衣，胸前的白色套环也消失不见了，但体格只有成年蟋蟀的一半大。

这些可怜的小家伙在9月份的时候再次遭到重创。虽然它们已更加强壮，但还远远不是蝗虫的对手。其实，这时候的小蟋蟀已经可以挖一个简陋的巢穴来躲避敌人的追杀了。但是，它们似乎并不喜欢动脑筋，根本不把祖辈的惨痛教训放在心上，只是一味地在林中左藏右闪，好像就算全世界只剩最后一只蟋蟀了，它也不准备低下高傲的头颅。这样的固执只有一种后果，那就是好不容易逃过蚂蚁和蜥蜴的魔爪的幸存者，经过这次更为残酷的劫杀后，数量少得屈指可数了。当然，这"功劳"也有泥蜂的一份。

10月底，寒意阵阵袭来，仅存的几只小蟋蟀也成年了，它们开始建筑房子了。因为蟋蟀建房是个一生不断奋斗的过程，绝不是一时半会儿就可完成的工作，所以我只得再次抓回两只，以便长期进行详细观察和记录。

建造房屋看起来并不复杂。它们在动爪之前，总要以我喂它们的莴苣叶作为遮蔽物——就像田间洞口的那撮草，一副缺什么都不能缺它的样子，然后将自己全部隐藏在下面，一切准备就绪后才默默地开始挖掘。它们挖掘的动作也总是重复的几个：先用前爪刨土地，再用修花剪一样的上颚把大的石子夹出来，然后用长着锯齿的后腿不断地踩踏着地面，最后再用尾部把那些无用的土倒退着耙到洞外，形成一面小斜坡。这就是它们建房的全部程序。

一开始，因为土层易于挖掘，所以速度相当快，不到两个小时，它们的身子就可以完全钻到里面了。后来，每隔一小会儿，它们才会倒退着把土扫出来，来来回回，一趟又一趟。有时感到疲倦了，它们就伏在洞口喘口气休息休息，小脑袋露在叶子外，我看见它们平时立挺挺的触须这时竟有些卷曲。可不久，它们又会转身钻回洞里，继续着挖土运土的营生。越往后，巢穴越深，它们每次在洞口休息的时间也越长。慢慢地，我也就失去了蹲着等待的耐心。

　　这真是一项浩大的工程啊！令人感到欣慰的是，现在最重要的部分已经挖好了，居住也没有任何问题。至于剩下的扩建和装修，则需要更漫长的时间来完成，它们可以慢慢做。随着天气越来越冷，寒风越来越大，洞穴也会变得越来越深。而蟋蟀的特殊本能决定了它们就算建好住宅也不会不保养。所以，只要有时间，它们就会把住宅的墙壁刮一刮，把通道里的土扫一扫。不论是冬季还是春季，尤其在那

蟋蟀将莴苣叶作为遮蔽物，然后开始挖掘洞穴。

些阳光明媚的早晨，我经常看见它们撅着屁股从洞里一次次地退出来，又钻回去，修房子已成为伴随它们一生的事业。这群辛劳的家伙真是活到老修到老啊！

蟋蟀的歌声

每年的4月间，新生的蟋蟀便开始在草间练习歌唱了。开始还是单调略带羞涩的独唱，没过几天就变成了大合唱。我毫不犹豫地把它们排在自然界歌唱家的首位。

春末夏初，百灵鸟穿梭在林间高声鸣叫着，但对我来说，它们的叫声依旧不如伏在地上的蟋蟀更吸引我的耳朵。蟋蟀的歌声音质淳朴干净、清亮圆润，而且它们是一群团结的好伙伴，总是一起将歌声向天空展示。百灵鸟与其比起来，显然有些逊色，它是一个孤独的歌者，总有一天会失去自己优美的声音，变得如同一只普通的麻雀。而蟋蟀的歌声将一直回荡下去，直到死亡来临。这所有的功劳都来源于它们特殊的发声器。

但是，从目前来说，地上的蟋蟀与空中的百灵鸟用歌唱交流，上下齐鸣，遥相呼应，也是首动人的乐章了。

蟋蟀的演奏乐器其实与大多数昆虫的基本一致：利用鞘翅上面的"台阶"和下面的锯齿。这无异于是琴弓和振动点。

蟋蟀与其他昆虫类的同胞相比是唯一的右撇子。与诸如蝈蝈、蝗虫之类昆虫的演奏方式完全相反，蝈蝈、蝗虫等都是用左翅盖住右翅，蟋蟀却是右鞘翅几乎把左鞘翅全都覆盖住了。不过，蟋蟀的两片翼鞘的形状结构完全相同，知道一个什么样也就知道另一个什么样了，它们分别平铺在蟋蟀的脊背上，在体侧处突然以直角弯下去，紧紧地裹在肚子上，上面布满细长的脉络。在脊背处的薄翅上则是一些较粗的黑色脉络，纵横交错，如一张奇异的画。

如果你用手轻轻翻开蟋蟀的鞘翅，透着阳光看，你会发现除了两翅相连处，其他地方都呈现出极淡的红色。而在两翅相连的部位，有一前一后的大小两片独立区域，一个呈三角形，一个呈不规则的椭圆形。在大一些的区域有细微的褶皱，而周边被一条较粗的经脉围着，上面还有几条起加固作用的交错条纹；而小的区域只有一条像雨后彩虹的细纹独自弓起。这两片相连的地方就是演奏音乐的部位，这儿是一层非常薄的透明膜，呈淡黄色。

靠前那片的后端有五六条凸起的像皱纹一样的黑色线条，犹如一层层平行台阶，这些褶皱的线条主要是用来增加摩擦点，进而提高音乐的强度的。在朝下的那一面有一把类似小锯的长条，这也是蟋蟀们演奏的乐器之一。这

地上的蟋蟀与空中的百灵鸟用歌声交流。

上面大概有150个小锯齿，很像一把弓。如此一来，一个鞘翅上的"台阶"与另一个鞘翅上的小锯齿接触并摩擦便会产生振动，进而连带上面的两片羽翼一起发出声音，美妙的音乐便产生了。蟋蟀有4片可用来发声的振动片，它那洪亮的歌声可传至几百米以外的地方。

蟋蟀简直可以称得上是昆虫中的"音乐天后"了，因为它们不仅会唱歌，而且歌声时而柔和时而洪亮。改变鞘接触面积的大小就可以改变歌声的强度，同时随着鞘与其柔软身躯的接触部位的大小变化，歌声会变得更加柔和或洪亮。这一切可是声音嘶哑的蝉所无法比拟的。

既然两片鞘翅完全相同，那么左鞘翅下面的那把锯齿为什么看起来毫无用处呢？它没有任何可发声的接触点，所以天生是当摆设的吗？除非将鞘翅的上下两面翻过来。如果真那样，我想不管它平日用哪片，也都可以演奏出不比以往差的乐曲。有没有其他同类是用左鞘翅在演奏呢？直觉告诉我或许是有的。

我带着疑问和些许的期待来到田间，四处搜寻。说实话，那段时间我看过的蟋蟀种类远比之前想的多。但是，无一例外，它们像商量好了似的都把右鞘翅服服帖帖地压在左鞘翅上，肆意地对着我歌唱。

最后，我不得已只好采用人为的方式来揭开这个谜底。我用一把小镊子，当然切记要掌握好用力的技巧，并保持高度的注意力和耐心，小心地把蟋蟀的左鞘翅提起来盖在它的右鞘翅上。它的薄翼没有被弄破，皮肤也没有受伤。但是，在我的注视下，它很快感受到了这种别扭，摇摆着身子挣开小短翅，三两下就把它们恢复到原来的模样，这才舒服地再次安静下来。我重新尝试颠倒鞘翅，结果是它们变回得更快了。一而再，再而三，结果始终一样。它的执拗终于打败了我的坚持。我放弃了，明确地告诉自己这是条走不通的路。

后来，我又想，如果在它们刚出生时就把两片鞘翅颠倒，结果会不会随我心意？因为那会儿它们的翅膀还相当柔软，没有定型，甚至还有些潮湿，所以想让它们改变一个习惯应该有成功的可能。相比之下，这也是最有希望的一个办法了。

在这个时候，找到一只幼虫并不容易，这可不是蟋蟀进行孵化的季节。为此，我熬过了冬天，一直等到来年的5月份才如愿以偿。一天，阳光温暖，都快中午了，在一根枝干上我发现了正在孵化的蟋蟀。小家伙们正裹着皮膜慢慢从卵里爬出来；接着，小腿一瞪，外膜破裂，它们轻松地走了出来，全身红彤彤的，真可爱。再瞧它们的后背，4片翅膀此刻犹如4个短短的小衣角。

蟋蟀幼虫的翅膀又小又短，还皱皱巴巴的没有舒展开来。但很快，鞘翅就抢先发生了变化，原先收缩的翅面渐渐变大、变宽，以内侧为同一水平面的两片鞘翅相互竞争似的朝前面缓慢地延伸，可依旧看不出右鞘翅能否盖住左鞘翅。慢慢地，两片鞘翅越来越接近，右鞘翅的一条细边已经快爬到左鞘翅的上面了。我见时机到了，便用两根细细的草苗做工具，小心翼翼地将它们柔嫩的小翅上下颠倒过来，让左翅的边缘压着右翅。小家伙的反应速度极快，它立刻感受到身体的异样，缓慢地又把左鞘翅挪了下去。我并不灰心，故技重施，并暂时用草枝将这一形状固定住。很快，成功女神光顾了我：它的左鞘翅把大半个右鞘翅压住了。

小蟋蟀接受了这样的安排，不再反抗，翅膀也最终依着我的期待日渐长大、成形、变硬。这样，左鞘翅完全覆盖了右鞘翅，它终于成了一个和其他蟋蟀不一样的左撇子。我迫不及待地想听它弹奏出第一首乐曲。

第三天，这个愿望便实现了。我那时正在桌前研究着什么，突然听到一声极不协调的细微的"吱——嘎——吱嘎——"声，就像想让生锈的齿轮重新转起来一样刺耳。我一愣，接着就又响起了一如往日听到的那动人愉悦的曲调。我满以为大功告成，高兴地走过去，想好好看看这个左撇子的成就，然而眼前的情景却让我一度难以启齿。

小蟋蟀就如它的千千万万个先辈那样，用右鞘翅的锯齿摩擦着左鞘翅的"台阶"，嘲笑着我指望用两根草叶就想创造一个科学奇迹的幼稚和荒唐。它不惜让长大变硬的肩膀脱臼也要让它们重新归位：右鞘翅回到它原本该在的上面，左鞘翅回到下面。两个鞘翅就像哥哥与弟弟，永远也不可能将辈分调换。它再次回到自己右手琴师的身份，并将以此度过终生。

唉！我是多么愚蠢啊！妄想着改变自然规律，毕竟连人类都是如此——大部分人的右手比左手灵活！但是，我们的左手偶尔也会给我们巨大的帮助，它总归是有一定用处的。可蟋蟀的左翅呢？既然长了，而且并不比右翅少什么东西，为什么看起来一无是处呢？难道只是为了与右翅对称吗？我迷惑不解。看来，我也只能劝自己暂时以此为答案，寄希望于后来的昆虫爱好者，希望你们能给我带来满意的答案吧！

现在，我们抛开一切令人忧虑的烦恼和忙碌，静下心来听听这群并不懂得"Do-Re-Mi-Fa-Sol-La-Si[1]"的演奏家们是怎样带给人们轻松愉悦的吧。这群隐居者从不在幽暗的屋中唱歌，而是在洞口的平台上，或是在洒满阳光的草间。"克哩——克哩——"的声音时而柔和时而响亮，时而饱满时而激荡，总会长久地回响在这

❀ 小·讲坛 ①Do-Re-Mi-Fa-Sol-La-Si：音乐的七个音符。

在整个温暖的春季，它们不停地歌唱着。

青绿的世界中。在整个温暖的春季，它们不停地歌唱着。

　　它们之所以放声高歌，是出于内心的感恩——歌颂美好的生活，感谢光明的太阳，感谢喂养自己的青草和让自己享受幽静生活的隐蔽之所。

　　除此之外，它们也会为出嫁的女邻居欢唱，会为寻求自己的伴侣而发出讯号。但是，有一点无可否认，每当雌雄蟋蟀的交配期一过，平时默不作声的母亲（雌蟋蟀不会发声）就会露出凶狠的模样，将未来孩子的父亲狠心吃掉。雄蟋蟀就算能逃脱，也必定四肢残废，无力度日。实际上，无论雌蟋蟀是否将雄蟋蟀咬伤，雄蟋蟀都注定无法继续生活下去，都会在交配后慢慢死去。只有没有进行

过交配的雄蟋蟀才能活下去。而单身的母亲也会在孩子们出生不久后，追随它们的父亲而去。这可真是个不可思议的现象！

感谢蟋蟀

蟋蟀是一种恋家的动物，它们从来不会离开洞穴，即使出去也不过是在附近走走。蝉却受不了这种日复一日的生活，它们更喜欢到各处去玩儿，到各处去看。所以，当我听说喜爱音乐的古希腊人为了听蝉的乐声竟把它们养在笼子里时，我表示了极大的怀疑。

首先，蝉的叫声嘶哑、刺耳，如果长时间近距离去听，那无异于是让耳朵接受一种严酷的刑罚。我想，这对于希腊人挑剔的耳朵来说，最多也就是听听来自远处丛林中的阵阵欢鸣罢了。

其次，蝉并不适合家养，除非你将一整棵洋橄榄或梧桐放进安置它们的新家里，它们才有长居的可能性，而且蝉还是一种喜欢高飞的动物。很明显，这两个要求没有一个可以在蝉笼里达到。如果你坚持想尝试，答案就是逼迫它们寂寞无聊地死去。

一定是人们将蟋蟀误当作蝉了，因为蟋蟀反而很喜欢这样的生活。如果有人给它们提供温暖的住所、新鲜的食物，它们一定会很快乐地定居下去，并天天献上不同的协奏曲。

孩子们也很喜欢这群乖巧伶俐的小家伙，尤其对城市的孩子来说，能有一只蟋蟀就好像得到了心爱的宝贝。他们宠爱蟋蟀，把它养在细芦苇编织的笼子里，走街串巷，连睡觉都会挂在床头。如果某天这个不会说话的好朋友不幸离去，全家人都会陪着默默难过一阵呢！

噢！小小的歌唱家啊，此刻你们是否会感到高兴呢？虽然拉·封丹遗忘了你们，但正有越来越多的人喜欢你们啊！当你们隐藏在月光笼罩的花园里，当你们打破暗夜的宁静，当你们在茂盛的树丛中有了自己的乐队，你们能感到人们更多的关心与友善的微笑吗？

　　我感谢你们。感谢你们聚集到我的窗前、我的门口、我的荒石园，陪伴我度过了那么多难忘的日夜。那欢乐的乐曲总是饱含激情，抒发着对生活的热忱；那连绵不绝的鸣唱声，曾多少次使我沉醉其中！

　　此刻，在我的头顶上，有美丽的天鹅座陪伴，无数颗耀眼的星星在向我眨眼睛，显示着它们高高在上的姿态。而只有你们——质朴的蟋蟀，陪伴我拥有这块平和的土地；也只有你们才能吸引我的关注，拨动我的心弦，打动我的心灵，因为你们是有呼吸的，有生命的，也是有灵魂的！是渺小的你们让我的生命感受到了久违的活力与悸动，也是渺小的你们让我重新认识到伟大的意义。我相信，在这广阔的世界上，只要是有一丁点儿生命迹象的微粒——哪怕是最小最小的微生物个体，只要它可以感觉到快乐与悲伤，就远比那些堆积如山的无机物更容易获得人们的疼爱，更值得人们去倾力关注！

读 后 感 悟

　　昆虫纲有很多物种都会发声，不过作者认为只有蟋蟀能担当得起"音乐家"这个称号。但是，蟋蟀可不是以歌声出名的，它们最大的本领就是能建造精美而坚固的住所。对于自己的家，它们不会当作临时的避难场所，而是为了安全和温馨的生活建造的。没想到小小的蟋蟀还能自力更生，它们对家的感觉如此强烈，凡事亲力亲为，这多么像我们人类呀！

橡 树 蛾

⭐

雌橡树蛾虽然长着漂亮的翅膀，但是它们吸引异性的却不是翅膀而是气味。然而，在作者的一次实验中，雄蛾一窝蜂地朝一根树枝飞去，完全不理会雌蛾，这究竟是为什么呢？

意外的礼物

说实话，今天绝对是个特别的好日子！在这世上，还有什么比得到自己梦寐以求的东西更让人兴奋的呢？此时此刻，我便沉浸于这份喜悦中。

带给我这种愉悦感受的是一个7岁的小男孩。他的小脸蛋脏兮兮的，光着脚丫，穿着一条补了又补但仍有些小窟窿眼儿的灰色短裤，那亮晶晶的海蓝色大眼睛里分明透着一股机灵劲儿！他是个勤快的小帮手，经常帮妈妈把自家种的西红柿和胡萝卜提来卖给我。人就是得多吃蔬菜来增加营养，尤其是那些看到菜叶就噘嘴皱眉的小家伙，更要多多补充营养。一天清晨，他又给我送来了新鲜的蔬菜。我高兴地把菜钱放进他的小手心里。他很认真地一一数过，为妈妈完成这重要任务的收尾工作。最后，他又从自己的裤兜里掏出一件神秘的东西，攥在手心里，微笑地看着我。

"那是什么？"我感到很奇怪。他以前总是拿了菜钱就蹦蹦跳跳地离去，可今天有些反常。

"是我昨天给小兔子割草时找到的。"说完，他摊开手心，露出了那宝贝的真容。

我险些像个孩童般地叫出声来！

"先生，您要吗？"他小心翼翼地试探道，纯真的眼睛并不懂我眼神里那异样的光芒。

"要！当然要！有多少我就要多少！你要是还能找到，我就带你去骑旋转木马。"我边说边从口袋里掏出一些零钱，塞进他长满茧的小手里，"现在，把这些钱拿着。记住，一定要和菜钱分开放，这样就不会一起交给妈妈了。"

小家伙咧开缺了门牙的嘴巴高兴地笑了，似乎想到了再过个七八年，我这糟老头的财产就会变成一座金灿灿的小山堆在他面前。临走时，还以一副小大人的口吻嘱咐我放心，他绝对可以满足我这微不足道的要求。

神奇的婚礼

他走后，我开始仔细地观察这个意外的礼物。它是一只茧，确切地说是一只漂亮的橡树蛾的茧。外形还很像蝉蛹的模样——长而圆滚的身子，裹着灰黄色的外衣。

橡树蛾可不像一般的蝴蝶或飞蛾那样常见。它是蝶蛾类昆虫中最为经典的代表之一，不是在任何地方、任何时候想见就能见到的。它对我的帮助也绝不会是一点点儿，我不仅可以通过它继续延伸对大孔雀蛾的研究，说不定还会有更多新发现。

对橡树蛾的记载和描述，在只要是昆虫类的书籍中都可轻易找到。记载最多的莫过于它们壮观而奇异的婚礼，对此我并不完全相

信。我还记得那些夸张的词语这样记录了那件神奇事情的发生：一只刚孵化的橡树蛾，不管它被人类囚禁在哪里——隐蔽的木盒里还是房门紧闭的阁楼，或者是喧闹的市区，它总能将消息传到或远或近的田野、森林、高地。很快，雄性橡树蛾就会在一种莫名力量的指引下，从遥远的地方断断续续、三三两两地聚集而来。它们围着雌橡树蛾居住的地方来回盘旋，久久不愿离去。

听起来是不是有些玄乎呢？现在好了，等这茧一孵化，我便可以进行一番验证，就让眼睛来告诉我们真相到底是什么吧。也看看我那两枚硬币能换来什么不可思议的奇迹。

稀有的橡树蛾

这珍贵的小家伙还有另外一个名字——布带小修士。之所以这样叫它，是因为在雄橡树蛾身穿的天鹅绒般的棕红色长袍上横着一条条浅色的纹脉，在前面的两片短翅上还有一些像眼睛一样的白色小斑点。

它们可真是不常见啊！我在这里生活了将近20年，不管是在村子里还是村子周围，或者森林里、草地上、我的荒石园里，从来都不曾看见过，也没有听说有谁见过类似这种的昆虫。昆虫？噢，是的。我可以坦白告诉你们，这些让自然界变得生机盎然、充满情趣的家伙们有多么讨我喜爱。我可不像某些人专门收集那些死昆虫，当然看到活的也不会放过，再把它们圆鼓鼓的身子压平做标本；我只对活的感兴趣，研究它们为何具备种种才能才是我的最终目的。所以，在这件事后，我怀疑这附近应该还有别的橡树蛾，只是隐藏在某个不易被人发现的地方。因此，我调动了更多人手去四处搜寻，他们都是些眼明手快、手脚麻利的年轻人，同时我自己也参与其中。在堆放的石子处、干枯的草堆下、蛀空的树洞里、村庄的花园里，凡是可以想到的或可能遗漏的地方，我们都一一去查看过，但总是无功而返。我们到目前为止还没有找到一只橡树蛾。这也充分说明橡树蛾在这个区域有多么稀少了。

3年过去了，一切又回到往日的忙碌。而那送我第一只茧的小男孩也已经10岁了。虽然他依旧惦念着玩旋转木马这件事，可是却从来没将第二只茧给我送来。

糟糕的婚礼

期待之事如约而至。这天早上，随着时间不断发生微妙变化的茧终于撑破了最后几丝连接的丝线——一只大腹便便的雌蛾从破口处钻了出来，好奇地打量着这个陌生的光明世界。她穿着和雄蛾一样漂亮的衣服，只是不是棕红色的，而是更显淡雅的米黄色。

我把它关进了盖着网罩的容器里，然后放在实验室里那张堆放着杂乱物品的办公桌上。桌子靠着墙壁，前面正好有两扇窗户。平时，靠左边的窗户总关着，靠右边的窗户却日夜开着。装有橡树蛾的容器差不多就在它们中间的那个地方，阳光照进来，容器里一半晒着太阳，一半则是遮蔽的荫凉。

橡树蛾明显有些拘谨。自从被放进去以后，它就跳到纱网上，用细细的前爪牢牢地抓住，伏在向阳的地方，像昏厥了似的一动不动，从中午到晚上，又从晚上持续到第二天，连触须也是安安静静地竖立着。这种状态在我失去耐心后一直延续着，直到第三天才有了异样的动静。

当时，午后的骄阳炙烤着大地，我心灰意冷地独自在荒石园中溜达，对此次的实验结果也不敢再抱太大的希望。就在这时，在我头顶的左上方，不断有飞蛾从空中掠过。我赶紧回头看向实验室那扇开着的窗户，发现有一群飞蛾正首尾相连在窗棂上转着圈，那样子像极了我们儿时玩的丢手绢的游戏。

　　我匆忙跑回去，里面的情景着实使我震惊。棕红色的雄性橡树蛾们四处飞舞，屋顶上、做实验的瓶瓶罐罐上、堆放的书籍上、装有粉末的盒子上……到处都有它们的身影。总之，这景象使我如临仙境，眼花缭乱。再看看雌蛾居住的纱网室，已被早到一步的雄蛾们团团围住。有些急性子的追求者干脆落在网上，为了争夺一个和雌蛾近距离接触的机会还相互推搡着。强壮的将弱小的打败，转眼

雌蛾穿着和雄蛾一样漂亮的衣服，只是不是棕红色的，而是更显淡雅的米黄色。

有一群飞蛾正首尾相连在
窗棂上转着圈。

更强壮的又将上一批胜者赶走。它们不停地落上去，又不得不飞起来。此时的雌蛾却异常镇定，挺着大肚子吊在纱网上，并不为自己有如此的魅力而兴奋雀跃。我透过窗户朝外看去，远远地看见还有一些零散的小红点朝这边飘来，虽然看起来不多，但此时屋内却完全是橡树蛾的世界。我估摸着数了一下，总共有60多只。啊！我想这就是书上所说的那场神奇的轰轰烈烈的婚礼吧！

我霎时明白了前两天雌蛾的那种安静举止的原因，它除了不断使柔嫩的身体变得结实，也肯定将自己在这里的消息传到了外面。我敢肯定是这样的，因为在此期间，确实没有一只飞蛾，哪怕是一条小虫子靠近过它。当然，我曾有很长一段时间坐在离它不远的那张老藤椅上，但显然我不懂自然界的语言，更不可能将这个信息散播到森林里的每只雄橡树蛾耳朵里。所以，肯定是它自己在做着这项工作。但是，至于它是怎么传播的，我暂时还无从知晓。或许，

可怜的橡树蛾成了小
螳螂的美食。

从婚礼现场我能看出一些眉目。

　　不管是在窗口徘徊的，或是急躁不安地来回飞舞的，还是那些坚持不懈蹲在纱网上忠心耿耿地等待的，雄橡树蛾已这样混乱而疯狂地折腾了将近3个小时。但此刻，红日西沉，炎热渐渐退去，随着微风吹来，身体凉爽而轻快。那些执着的求爱者不知是也有像人类一样天黑就回家的好品德，还是对雌橡树蛾始终一副无动于衷的态度失去了信心，它们的热情逐渐消退。屋子里的好多雄蛾相继离去，围在纱罩容器旁的也一去不返。最后，屋子里剩下的雄蛾总共不到15只了。它们没有飞走，执着地留了下来，各自找个静谧的地方，比如书缝里、托盘上、窗台角上，开始为新的一天储备能量。

　　一场热闹的婚礼就这样结束了，只是因为我搁置的纱网成了阻碍，所以才使婚礼的目的没有实现而已。明天，这场景将继续上演，也许那时候我将把纱网取下来，看看那会儿能发生些什么。

　　糟糕的是，第二天这一切不得不宣告结束。当我梳洗完毕走进实验室时，那些借宿的客人一只都看不见了。我再看看雌蛾的卧室，悲惨的一幕赫然进入我的眼帘。可恶的小螳螂——昨晚来了一位老友特意送给我的，正美美地吃着自己的早餐，而可怜的橡树蛾，脑袋和身子都已被吞下了肚，只剩下半截残破的身躯了。唉！我真是太疏忽大意了，万万没想到让这刚出生没多久的小不点儿和相对来说庞大的橡树蛾共处一室会带来这么严重的后果！事实上，螳螂是从小就善于利用"铁钳"的屠夫。晚了！一切都完了！整整3年的幻想一夜间就彻底破灭了！我的努力也付诸东流了！我欲哭无泪，痛苦让我的内心极度酸楚。

气味实验

　　虽然这次的实验留给我莫大的遗憾，但是毕竟也解开了我对自

然界有这么一场婚礼的怀疑，这点儿微薄的成果对我稍有安慰；同时，我也目睹了那壮观的场面，60多只罕见的橡树蛾齐聚在我的实验室，这奇特的场景足以让人难忘。

一只雌蛾竟可吸引来60多只雄蛾。它们都是从哪儿来的？周围的每一簇草丛、每一片林地、每一个石子缝……对这所有的一切我都太熟悉了，这里肯定没有；而离村庄稍远的地方也没有听说过有啊！看来，它们只能是从四面八方围拢而来的，至于离这里是远是近，那就无法确定了。可雌蛾默不作声就可以将自己的信息传到远近不同的地方，也真算得上是件让人目瞪口呆的事了！

又一个3年过去了，我再次幸运地得到了一个弥补遗憾的机会！一位熟知我的牧人从河谷处找到两只不再紧实的茧，好心地送给了我。我如获至宝，将它们小心地放入独居的网罩里，确保这次它们不会再受到任何让我心烦意乱的伤害。

8月份的时候，两个茧囊相继被撑破，像上回那样，嫩黄色的雌橡树蛾不急不慢地从开口处爬了出来。不过，这次我有两只雌蛾了，可以多进行一轮实验了。

很快，我便重新开始了实验。我首先重复了对大孔雀蛾做过的那些尝试，而且得到的答案完全相同。同时，这也说明橡树蛾在聪明灵巧方面可并不比大孔雀蛾逊色。无论我把雌蛾居住的网罩移到房间的哪个角落，雄蛾总能很快就识破我的计谋，追随而至；我又想方设法把雌蛾藏到柜子的最里面，这次雄蛾略在原地停留了一会儿，但犹豫过后，还是坚定地飞到柜子旁，围在那条细缝前，想使劲钻进里面去瞧瞧；我又尝试把雌蛾放进装器皿用的盒子里，这回情况有了不同——当我把盖子完全扣下时，雄蛾们在空中转着圈，始终找不到前行的方向，一旦我把合口处留出一条细缝，它们又很快像黑暗中海面上的渔船看到了灯塔一般径直飞了过来。

当把盒子关得太紧，里面雌蛾的气味很难传到外面，也就发挥不了作用，雄橡树蛾便显得一头雾水。即使我把盒子放在显而易见的地方，它们也不会多加理会，依然固执地在空中乱飞，到处嗅着。因此，我知道了气味的重要性，雌蛾就是依靠气味来吸引众多追求者的，而这气味却无法透过密实的木板、玻璃、金属等材质。

在这方面，我曾尝试用气味浓烈的樟脑来覆盖大孔雀蛾那微弱

当盒子关得太紧时，雄橡树蛾就显得一头雾水。

的、人几乎闻不到的气味，但结果没有成功，雄性孔雀蛾们几乎毫不费力就找了过来。这次，我将在橡树蛾的身上再进行一番实验。不过，我把樟脑球换成了气味更为剧烈的东西——我的药箱里凡是能发出气味的、或香或臭的乱七八糟的东西所组成的混合物，有刺鼻的酒精、沁心润肺的精油、发臭的沥青等。我在早上就把它们分别盛在碟子里，提前放进了雌橡树蛾所在的纱罩容器里，又在容器四周摆了一些，为的就是在雄性橡树蛾来的时候能发挥出最佳的干扰作用。

临近中午，实验室里的讨厌气味已经到了让我难以忍受的地步，甚至一度有种眩晕的感觉。我那空气清新的实验室简直成了一间制药房。再看看雌橡树蛾，依旧一动不动地待在那儿，似乎一点儿也不担心这古怪的味道将它熏坏。这时，我反而有些担心雄橡树蛾了，在这样浓烈气味的影响下，它们还能找得过来吗？

可一切顾虑都是多余的！下午，在一天中最热的时候，雄橡树蛾如约而至，像以往那样纷至沓来。它们穿过半掩的窗户，没有受到任何影响般地径直飞到放置雌蛾的容器旁。我为了增加它们寻找的难度，提前在上面蒙了一层厚呢子布，但显然，我做的一切都是无用功。它们并未有过一点儿犹豫和顾虑，而是自信满满地直冲目标而去，跟那次弥漫了樟脑味儿的大孔雀蛾的测试结果没什么两样。

最终，我不得不在晚上对实验室进行了空气清洁。

视觉实验

至此，对橡树蛾气味的研究似乎要告一段落了，但接下来一个偶然的情况让我又精神百倍地继续实验起来。原因就在于我怀疑雄性橡树蛾是"睁眼的瞎子"！有时候，我们确实不得不承认，在寻求真理的路途上，偶然或意外也会给我们莫大的帮助。

那天，我突然想测试一下雄性橡树蛾在寻找雌蛾的过程中，眼睛发挥的作用有多大。于是我将雌蛾从纱罩的容器中取出，装进了放置在桌子上的玻璃罩容器里。桌子正对窗户，所以这也是雄蛾的必经之路。我又在它的新家里插了一根树枝，雌蛾就栖息在上面。这样一来，那些不怕劳碌的追求者一进屋就能看见高高在上的它了。

可第二天上午，我由于要用桌子，就将雌蛾放在了离桌子不远的地上，那里正好被墙壁挡着，所以光线适中，不阴暗也不刺眼。下午，雄橡树蛾们再次准时光临，可它们那奇怪的举止却使我迷惑不堪。

雄橡树蛾们竟无一例外地从装有雌蛾的玻璃罩上飞过，没有一只肯停留片刻。

　　雄橡树蛾们竟无一例外地从装有雌蛾的玻璃罩上飞过，没有一只肯停留片刻，甚至没有一只对那孤独的等待者友爱地看上一眼。它们直接飞到了墙角，那里有雌蛾在搬家之前住过的纱罩住宅，可惜此刻已空空如也。它们傻傻地环绕在那儿，不时探究着，追寻着，更有一些还偶尔停留在上面打闹一下。它们就这样一直在那个空"房子"旁喧闹了一个下午。在此期间，没有一只雄蛾有丝毫离开去找雌蛾的念头，似乎有一股特殊的魔力将它们牢牢地吸附在那周围。这可真让我不解！它们不就是为那美丽的新娘而来吗？一个空屋子有什么好看的呢？

　　太阳落山的时候，有一些雄蛾拍打着翅膀离开了，还有一些似乎不死心，它们没有见到自己心爱的雌蛾，于是换了个地方继续等着。

　　我走到纱罩的容器旁，清晰地看见容器底部的沙土上有深深浅浅凌乱不堪的小印迹，这也表明了雄蛾曾在上面怎样地驻足徘徊、翘首期盼过。而那雌蛾留下的痕迹也依然隐隐可见。我拿来放大镜细细一看，在小细划痕最多的那片区域，分明有一个相对周围来说较深的凹地。从大小来看，我确信那是雌蛾还住在这里时腹部压在上面留下的印迹。如果是这样，那一定是雌蛾的腹部在散发着某种气味，这种气味经过长时间的伏地休息，就会渗进土层，而渗进土层的气味比较难挥发，所以这里的气味也相对最为浓烈。雄橡树蛾们受雌蛾强烈的身体气味的吸引，再加上雌蛾所在的玻璃容器与外界在空气流通方面稍有欠缺，就造成了它们忽视眼睛所看到的而听从味道的指引的现象——它们直接越过眼皮底下的雌蛾，飞到了它之前居住的场所。

　　但是，仅凭这一点，我还是无法肯定地说雄性橡树蛾之所以找不到雌蛾，完全是因为雌蛾的气味被某种不能穿透的障碍截断，使雄蛾失去了方向。

第二天早上，我把雌性橡树蛾再次放回纱罩住所里，让她的大肚子贴着树枝休息。等到下午的时候，我预感雄性橡树蛾快来了，便把那根雌蛾栖息过的树枝单独取了出来，并将它放置在离窗口不远的一把椅子上。有纱罩的容器也被我放到屋子中央的桌子上，离放了树枝的椅子只有几步之遥。总之，它们都是在显眼的位置，用眼睛肯定能看到。

没过多久，雄蛾们一只接一只地飞来了。现如今，它们成群结伴，好像

没过多久，雄蛾们一只接一只地飞来了。

在这段时间里彼此培养出了不错的友谊。但是，事情还是不由我控制。它们飞进屋子，在窗户那儿飞出去又飞进来，飞到左边又飞到右边，一会儿飞得高一些，一会儿又降回原来的地方。它们看起来有些矛盾挣扎，一副遇到难题不会答的样子。又过了大概5分钟，它们依旧没有想出满意的答案，尽管两个答案就放在眼前，可是它们偏偏执着地想要靠自己的努力解决这棘手的问题。

终于，结果在较长时间的等待中出来了。它们在经过一番深思熟虑后，毅然决然地飞到了放置树枝的椅子上。小小的树枝上瞬间布满了细细的小腿，它们你争我夺地扒拉着那被遗忘在几步之遥的新娘早上才睡过的木床，热切而急躁。虽然在此期间树枝从椅子上掉在了地上，但这些真诚的追求者绝不会怀疑什么，再次簇拥着追过去。它们热切地拍打着翅膀，不断用细软的腿拨动着树枝，看起来真有些像家猫在调皮地玩一只老鼠玩具，而那劲头也真是让人无言以对。树枝慢慢地滚得越来越远。

这时，又飞来两只迟到的家伙。唉！别以为会有什么可喜的事情发生，它们比之前的那群雄蛾抉择得可更迅速，只经过两分钟的考虑就径直飞到了那把曾经放置树枝的空荡荡的椅子上了。

那位孤独的雌蛾，默默地待在容器里看着眼前的一切。本是为它而来的众多追求者此时却并未将它放在心上，只是一味地围着它用过的物品，可想而知那会是怎样一种难过的心情。我不忍心让它如此受罪，便将容器上的纱网摘掉了，希望这样可以改变些什么。但是，自始至终，直到天色渐暗，群雄退场，也没见哪一只曾飞过去略微表示一下关心或歉意。即便如此，只要有雌橡树蛾在这里，那么明天注定与今日不会有什么不同。

在这之后，我又尝试用其他东西代替树枝，但结果是一样的，只要是遗留下雌蛾气味的东西，无一例外成为雄蛾抢夺的宝贝。我曾把雌蛾放在木制或玻璃制的书桌上，抑或是塑料、大石头上，有时还把它们放到我床头柜的书本上或铺着天鹅绒布的床单上。结果证明：所有这些东西，只要与雌蛾进行了或长或短时间的接触，那么雄蛾就一定会对其产生极大的兴趣，甚至于这兴趣之大绝对不亚于对雌蛾本身的兴趣。当然，这些东西不会永久保留这种超强的吸引力，一旦雌蛾的气味散尽，雄蛾们就会头也不回地离去。

雄蛾在某种物体上滞留时间的长短与物体本身的质地也有密切关系。在所有的实验物中，天鹅绒布的效果是最好的。我还记得那件有趣的事情——有一次，我把一块天鹅绒布放进了一个长长的细口瓶里，这块绒布昨晚就铺在雌条纹蝶的肚子下。而瓶子

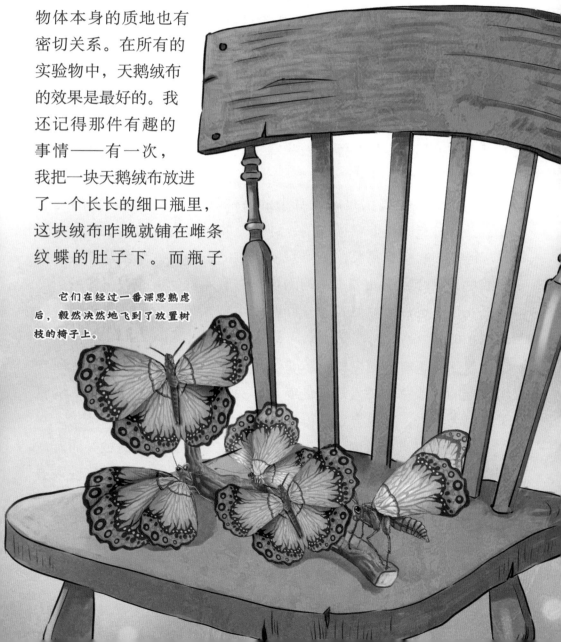

它们在经过一番深思熟虑后，毅然决然地飞到了放置树枝的椅子上。

呢，可不是我们见过的那种直筒的粗口瓶，它的口颈又细又长，我用手指估量过，也就是刚好容一只雄蛾进去的空间，至于进去后再想飞出来，恐怕就没那么容易了。

下午，访客们相继来到，正如之前预料的，它们在短暂的犹豫后飞向了玻璃瓶，并毫不犹豫地将翅膀收拢一些，成功地到达了瓶底的那块诱饵上。它们执着地将累积的全部热情尽全力与之相融。我却偏偏在此时用一根细铁丝将那块被大伙儿簇拥的宝贝钩了出来。它们一开始惊恐地躲到一边，任凭我鲁莽地挪动着它们心爱的东西，可等绒布一出瓶口，它们顿时慌乱起来，争着拥挤在瓶口想抢先出来。之后，我又将绒布放在了密封的金属容器里，转身才去帮助那些可怜的家伙们从瓶口里顺利地逃生出来。它们在屋内再次搜寻，结果却是盲目乱撞。一些冒失鬼受瓶里遗留气味的吸引，再次进入了那个细口瓶。

现在，我更确信是雌蛾身上的特殊气味在吸引着众多的追求者了。这种气味是非常微弱的，即使是嗅觉非常灵敏的人也无法闻到。但是，它却极易黏附到雌蛾所接触的物体上，只要这种气味没有散尽，就会吸引无数雄蛾的到访。黏有雌蛾味道的物体的吸引力一点儿也不逊色于雌蛾本身。同时，这种气味无色无痕，我们很难找到它的蛛丝马迹①，唯一能向我们显示这种气味的信息便是察看物体周围是否有雄蛾围绕。但是，我们不必为雌蛾担心，毕竟所有物体上的气味总有挥发干净的时候，只要耐心等待，受到冷落的日子终究会过去，它也会重新得到关注。

雌蛾散发气味的时间各有不同，这主要根据飞蛾的种类而定。刚刚孵化的雌蛾需要慢慢成熟后才会散发出自己的气味。雌性大孔雀蛾通常经过两天的准备就能引来雄蛾，偶尔只需一天就可以办

微词典 ① 蛛丝马迹：比喻与事情根源有联系的不明显的线索。

到；雌性橡树蛾散发的信息则远比大孔雀蛾晚得多，它们至少要等到第三天才能招来雄蛾。

最后，再让我们来看看雄性橡树蛾头上那美丽的触须有什么作用吧。毕竟，这几乎是所有昆虫类动物所共有的器官，它们的功能是一样的吗？我像以往做的实验那样，将它们的触须剪掉了。我不知道这样做到底造成了什么样的严重后果，也不确定是不是因为没有了触须，所以它们找不到曾经日日都来的地方。总归是它们一去不复返了。

还有一种蛾类的茧与橡树蛾的茧极其相似，叫作"苜蓿蛾"。我是在后院发现它们的。说实话，两者的茧简直一模一样，如果混在一起，我是不太可能分辨出来的。我当时只是很高兴，以为又会孵出6只橡树蛾，于是将其带回家精心照料起来。终于，8月份到了，出来的却是另一种蛾，就是苜蓿蛾。它们和橡树蛾一样漂亮，也有直直的触须，可不知为什么，过了好些天也不见有一只雄苜蓿蛾为它们而来。

由此可见，触须并不一定是进行信息传达与接收的唯一站点。不同种类的昆虫，它们的器官的作用也不一样。就连苜蓿蛾与橡树蛾这样的同族，在相同的器官上所表现出来的作用也是不同的。这更进一步说明：器官与能力并非完全是控与被控的关系。

读后感悟

　　雄性橡树蛾因为气味被吸引，不顾危险直冲向有人的房间。可飞蛾毕竟是飞蛾，它们对异性的判断完全依靠气味，以至只要有雌性气味的物体就可以迷惑它们，而它们真正的梦中情人却被弃之不顾。其实，我们人类有时候也会像雄蛾一样被外界的各种"气味"迷惑，以至迷失了通往成功的方向。不过，我们人类有自己的判断力，只要我们坚定信念，最后一定能成功。

蟹　蛛

蜘蛛结网捕食似乎是一件人尽皆知的事情，但是蟹蛛却有些不同。那么蟹蛛都有哪些奇特之处呢？它们的巢又是如何建造的呢？

守猎者

在蜘蛛的世界里，有一种完全不懂设网捕食的蜘蛛，叫作"蟹蛛"。听名取意，它肯定是在某方面与螃蟹相似。是的，那就是它另类的行走方式——像螃蟹一样横着走，而且前足同样比后足更为出色。如果能再给它一对像螃蟹那样强壮的螯，我保证许多人会把它们误以为是对亲兄弟。

蟹蛛生来就对用网捕获猎物的技巧一窍不通，这也让它们跟其他同族的兄弟姐妹比起来，失去了很重要的生存及战斗武器。既然没有先天资源可以利用，那就只好踏踏实实地生活了，所以在重要的捕食方面，它们选择做一个沉默的守猎者——藏在隐蔽的地方，等待猎物的现身。

这种特殊的捕食方式让蟹蛛在每次进攻前总要先将自己隐藏在草丛或花簇中，一旦猎物经过，它们就会毫不犹豫地扑上去，熟练地一口咬住猎物的颈部，使其在瞬间死去。这套熟练的制服办法让蟹蛛一次次顺利地把猎物摁于爪下。蟹蛛最喜欢的猎物是我们所熟悉的蜜蜂。虽然一个在天上，一个在地上，但这显然不会是什么障碍。

蜜蜂是一种勤勤恳恳的工作者。它兴高采烈地来到花丛中准备采蜜，却一点儿没料到一场可怕的灾难正在等待着自己。它在花丛中飞舞着，找到一朵花蜜丰富的花朵便立即飞了过去，专心致志地沉浸在快乐的忙碌中，完全没注意周围发生了哪些变化。蟹蛛怎可放过这么一顿美味的大餐呢？它虎视眈眈①地从花梗间现出身形，偷偷地爬到蜜蜂的后面，然后以最快的速度冲向那只辛勤的劳动者，它张开喷射毒液的獠牙，紧紧地咬住蜜蜂的脑袋，任凭它怎样垂死挣扎也不为之所动。等这个活蹦乱跳的小生命转眼间蹬直小腿死去后，蟹蛛便可以美美地饱餐一顿了。它贪婪地吸吮着可怜的小蜜蜂的鲜血，等吸干后再将它干瘪的尸首抛弃。可是，蛛蟹并不感到满足，抹抹嘴角转身继续藏匿起来，等待着下一个猎物的到来。

这可真是让人难以理解！为什么善良勤快的蜜蜂要被那些懒惰凶狠的家伙残杀？为什么自食其力的反而不如混日子的过得舒适？为什么美好的事物会被无情地摧毁？我虽然憎恨蟹蛛，不喜欢它偷袭的恶行，可是这个残忍的刽子手在另一方面却又表现得不错——它是一个慈祥温柔的好母亲，对孩子们十分疼爱。这就像另一种巨型的"吃人兽"，吃别人家的孩子毫不手软，可对自己的宝贝永远是呵护有加。

尤其在每年的5月份，在荒石园的低矮灌木丛里，我总会发现

微词典 ① 虎视眈眈：形容贪婪而凶狠地注视。

蟹蛛虎视眈眈地准备猎杀正在采蜜的蜜蜂。

一小片一小片的蜜蜂干尸，这些都是蟹蛛的"杰作"，这充分说明了这个贪婪的家伙活动量的增加、活动时间的密集。

有心的朋友也可在此时间段前来看看，在那茂密、漂亮的蔷薇丛里，花儿在清晨鲜嫩地绽放，褶皱的花瓣也在温暖的阳光下慢慢舒展，大家积极地准备着，等待气温的升高，以最好的状态迎接蜜蜂的挑选。这一切是多么美好啊！可是，只要热情的工蜂寻觅而来，在一朵花上低头劳作起来，暗处的蟹蛛就会蠢蠢欲动地从藏匿的避所中爬出来，伺机施行那日日上演的阴谋。

我真的很难想象，这么冷酷无情的家伙竟然长得非常漂亮，并不像童话故事中的老巫婆那般狰狞。虽然它们的肚子有些大，腰部两侧还有像驼峰一样的东西鼓起来，但在同类中，没有那个大肚子，长得扁扁平平才会让人笑话呢！它们的肤质看起来特别好，柔滑得像上好的绸缎一样；而身体的颜色有牛奶白和柠檬黄两种，虽然没有横纹金蛛艳丽，但也不像黑腹狼蛛那样单调暗沉，它们看起来更为质朴无华、气质优雅。有一些蟹蛛的腿上还有着粉色珠子似的小斑点，还有一些在脊背上画满红色的螺旋状纹路，更有甚者在胸前戴着绿色的翡翠项链。就连蜘蛛的公敌在见到这么漂亮的对手时，恐怕也会被其诱惑，从而乖乖地收起自己的利爪吧！

蟹蛛的巢

蟹蛛虽然不会用网捕食，但在建造巢穴方面可一点儿也不含糊，甚至可以说它们是擅于织网的高手。许多小动物，像燕子、猫头鹰、麻雀、百灵等，都是可以建漂亮房子的建筑师，它们总喜欢用一些树叶、草根、废布等把自己的巢安在高高的树杈上。蟹蛛也

有这个爱好，虽然它们不能爬得那么高，但在苜蓿丛里还是可以轻易地爬到枝木的顶端的。

一般情况下，它们会考虑地形，不是高的就好，极其隐蔽又易于观察周围环境的地方才是它们的理想之所。比如在蔷薇里时，它们总会将枝繁叶茂的地方作为首选，用干枯卷曲的宽叶做摇篮，边挪动自己装满建筑材料的肚子，边将透明的细丝根根吐出，连接在四周的绿叶上。这样，中间下垂的凹穴在不久的将来便成为卵的驻地，等产卵后，它们还会吐丝将还没有成形的孩子们紧紧地裹在里面。

蟹蛛从产卵后的那一刻开始，它的生活也就随即彻底改变了。它不再去伏击敌人，而是在卵的上面又用细丝拉出一面"床板"，自己日夜趴在上面，不管刮风下雨，坚持等待着孩子们的降临。同时，这个平台还有另外一个重要作用，母蟹蛛产后会非常疲惫，这是它休养生息、恢复精力的地方。

蟹蛛对孩子的关爱让人有些动容。它没有食物可吃，日渐消瘦，可并没有因此产生离开的念头，就像一个刚毅的士兵尽职地坚守着岗位。

有一次，我用一根草叶撩拨母蟹蛛，它当即气愤地对着草叶拳打脚踢，给予我强烈的反击；我又尝试用工具把它挪走，可它死死地抱着叶子，一种死赖着的样子。我们的对峙一度很胶着，为了避免伤害到它，我只得放弃。但是，有一点让我深感困惑：这位母亲虽然关爱自己的孩子，不允许任何可能的伤害出现，可它实在是太糊涂了，竟然连自己的卵和别的卵都分不清楚。当然，在这方面狼蛛也是值得一提的代表。我曾对此做过实验，这个傻家伙把我特意做的绒毛小球、毛线团、废纸团统统当成是自己的卵，吐出丝把它们拉在屁股后面，左走走右跑跑，一点儿也不觉得怪异。

对此我也在蟹蛛身上进行了实验。这回不是什么毛毛球，而是根据蟹蛛卵的外形做成的一个封闭的圆锥体。我将蟹珠赶到诱饵旁，可是它却执着地要回到孩子们的身旁，任我怎样拉扯都无法将它挽留。那么，这样看来，蟹蛛应该比狼蛛更聪明吧？但是，我依然不能肯定这个答案是可信的，因为诱饵本身做得并不成功。

6月初的时候，卵已经全部产在早已做好的巢穴里了。这时的蟹蛛在经过长时间的产卵和驻守后，已经是一副精疲力竭的模样了。它趴在叶子上，没有一点点儿活力，只是偶尔透过眼孔可以看出它还活着。它成了以精神为食粮的动物。我有些于心不忍，虽然它曾残忍地伤害了那么多幼小的蜜蜂，但此刻它的母爱是不折不扣的伟大啊！我亲自去找了些蜜蜂，放在它眼前，可出乎我的意料，它

母蟹蛛在卵壳的上面又用细丝拉出一面"床板"，自己日夜趴在上面等待孩子们的降临。

竟毫不理会，依旧一动不动地守护着那团卵。也许，只需看着自己的卵，母蟹蛛便会饱得打嗝吧！

有些小蜘蛛在出生以前就成了孤儿，但小蟹蛛不会，因为它们那以凶狠见长的母亲正拼着最后一口气等待着它们，等着为做好出生准备的它们把被树叶层层包裹的卵壳打开。如果母蟹蛛不这样做，小蟹蛛们可能永远都无法见到这美丽的世界了。

蟹蛛的卵壳是非常坚硬的，以小蟹蛛那微弱的力量根本无法将其打开。但是，小蟹蛛们出生后，我们会惊奇地发现，在卵壳上有一个小小的圆形开口，到底这个开口是如何形成的呢？其实，是蟹蛛妈妈为了小蟹蛛顺利出壳而拼尽最后一丝力气咬开的。蟹蛛妈妈

这些天生的纺织家陆续爬到了柳条的顶部，并很快织起一张张错综复杂的大大小小的网。

在完成这最后一项伟大的工作之后，便含笑九泉了。

从6月底到7月初这几天，小蟹蛛们顺利地出生了。我想试一试这些小东西到底有什么绝活，于是将一些柳条插在了它们的旁边。结果，这些天生的纺织家陆续爬到了柳条的顶部，并很快织起一张张错综复杂的大大小小的网。它们安静地休息着，或是从网的这端爬到那端，很是悠闲自得。

过了两天，我将小蟹蛛们连同布满细网的柳条移到了一个距窗户比较近的阴暗处。结果，只过了一小会儿，小家伙们便开始乱作一团，慢慢地从顶端向下爬去。但是，它们并不十分确定自己的决定到底是对还是错，甚至有的小蟹蛛又掉头向上爬。总之，这些小蟹蛛是毫无组织、毫无纪律地前进着或是后退着。

又过了好长一段时间，我把这些爬满犹豫不决的蟹蛛的柳条又转移了地点，这次我把它们置于强烈的阳光之下。大概过了几分钟，小蟹蛛们不再想要离去，而是欢快地向顶端爬去。它们高兴地起舞着，与在阴暗处的表现大相径庭①。

小蟹蛛们的身手非常敏捷。它们沿着柳条朝着各自的方向努力攀爬着，当它们爬到很高的地方时便开始休息，不再爬动了。它们享受着温暖的阳光，悠闲地摇摆着。你可以看到在阳光的照射下，这些小家伙仿佛发着光，像夜空中闪闪发光的小星星。

突然，有几只小蟹蛛在空中"翩翩起舞"了，它们慢慢朝远处"飞"去。原来是刮来了一阵风，将蛛丝吹断了，也将轻巧的小蟹蛛们吹走了。接着，有更多小家伙飞了起来，它们消失在不同的方向，或高或低，或远或近，开始了另一段全新的旅程。

微词典 ① 大相径庭：表示彼此相差很远或矛盾很大。

越来越多的小蟹蛛跟着出发了。它们在夏日阳光的轻抚下勇敢地前行着，那些柳条在细而洁白的网丝的装饰下如同节日里绽放的礼花一般，光芒四射，这种景象真的是奇妙极了！它们以自己独特的方式飞向了属于自己的天空，飞向了另一个多彩而充满挑战的地方。

为了生存，小蟹蛛们无论早晚都必须要降回地面，因为它们得寻找食物，填饱肚子。降落是小蟹蛛们的生活中较为频繁的一个动作，但这并不会给它们带来任何危险，因为有蛛丝随时可作为它们的降落伞或滑梯，保证它们安全顺利地回到地面。

可是，这么小的蟹蛛如何能捉得住蜜蜂呢？在长大之前它们到底以什么为生？又是如何捕食猎物的？它们又将用什么办法熬过那漫长的冬天呢？这些我无从得知。但是，我知道，等到第二年春天，它们已渐渐长大，将会像它们的母亲一样隐藏在花丛中等待那些可怜的蜜蜂了。

读后感悟

蟹蛛妈妈为了让自己的孩子不受侵害，日夜守护在自己的卵面前。当小蟹蛛马上就要出生时，蟹蛛妈妈用尽最后的力气将卵壳咬破，然后就默默地死去了，这是母爱的力量。

胡 蜂

许多胡蜂住在地下巢穴里。比起在树上，在地下建造巢穴需要做哪些工作呢？它们的巢穴结构又是怎么样的呢？

寻找蜂巢

9月里的一天，小保尔陪我在林中散步。他是一个专注而细心的孩子，有和我一样的兴趣，喜欢在树林里、草地上搜寻各种各样的小动物。这时，小家伙又像以往那样兴奋地叫起来："爸爸，看那边！快！"我顺着他手指的方向望去，在大概六七米远的柳树下，地面上开了一个窟窿眼儿，不断有小小的飞虫一个接一个地冲出来，转眼便消失在周围的丛林里。

"爸爸，一定是胡蜂巢！"小家伙发表了自己的看法。我笑着点点头，让他跟在我后面，然后小心翼翼地向那个发射"子弹"的"枪口"靠过去。虽然这群暴躁的家伙不比子弹会给人以致命的威胁，但是要被它们的螫针深深刺进肉里，也会让人疼痛一阵子呢！我们决定晚上过来抓几只。因为天黑后，除了一些逗留在外的，其他大部分胡蜂都将归巢休整，到时候就不必担心在弓着身子忙碌时，背后会遭到一场偷袭了。

抓捕胡蜂可不是一件容易的事。我曾听说并也亲眼见过一位科学家为了得到几只胡蜂做实验，不惜花大价钱请人为他抓捕，结果那些人全都被蜇得惨不忍睹。我没有足够的资本请人，也不愿让自己的皮肤受罪，就从过去成功与失败的经验教训中总结出了一套简单而行之有效的办法。

这个方法简称为"窒息法"，需要的工具也很简单——几毫升汽油，一根半尺长的芦苇叶，一个用黏土揉好的土球，绝对是成本低廉、实用安全。不过，要注意的是汽油的用量，若倒得太多，胡蜂往往会被全部闷死，到那会儿可就一只活的也没有了。但是，我对此并不担心。

晚上，刚吃过晚饭，小保尔就提着他夜行用的芦苇小灯笼蹦跶过来，迫不及待地拉着我去实施抓捕计划。很快，伴随着蛐蛐在银色月光下的鸣唱，我们找到了那棵柳树。抓捕行动正式开始，但这还只是一个前奏而已。

在所有环节中，插入芦苇叶是最关键的，只要这一步成功了，那之后的一切便可迎刃而解。这其实与胡蜂的巢穴结构有关。胡蜂洞在最开始的那段是一条几乎与地面平行的走道，如果不插芦苇叶就将汽油直接倒进去，汽油就会被干燥的土壤瞬间吸收得干干净净。第二天，当你自以为大功告成而开始用铁锹掘开巢穴时，迎接你的很可能不是一动不动的胡蜂尸体，而是一群愤怒的复仇者。另一方面，芦苇叶上面的浅槽不仅可以将汽油一滴不漏地送达巢穴比较深的部位，同时也能占用原本就狭窄的空间的更多地方，这对胡蜂来说无疑是雪上加霜。但是，有些胡蜂显然不是泛泛之辈，它们很可能在你往洞里插芦苇叶时冲出来狠狠地刺你一针。而此刻，我正在干着这件最为棘手的事情。小保尔蹲在旁边，全神贯注地盯着洞口，手里拿着一块手绢，那可是他回击敌人的武器，只要胡蜂一出来，他就会用力地挥舞手绢，将它们赶跑。

幸运的是，一切都顺利完成了，我们安然无恙。我顺利地插入了芦苇叶，把汽油倒了进去，虽然里面传来不悦的沙鸣声，但小保尔快速把土球堵在了洞口，又站起来狠狠地在上面踹了几脚，这样一来，任何一条利于逃生的缝隙都不可能存在了。我们怀着愉快的心情回家睡觉了。

第二天清晨，大地还笼罩在一片宁静的薄雾中，我们父子俩便带着挖掘工具再次来到了蜂巢前。有一些夜归的胡蜂进不了家门，正三三两两地散落在附近的草地上，见我们过来，便做出了备战的举动，还团结地围了上来。不过，这会儿正是一天中气温最低的时候，也是胡蜂的战斗力最弱的时候。所以，小保尔几乎没费什么力气就将它们驱散了。

那根被埋在土里只露出一小节的芦苇叶此刻正在我的脚下翘着尾巴。我弓在地上，在芦苇叶前用铁锹挖出一条可以让我舒服自由地工作的壕沟，然后又用小铲子从垂直方向将土层一层一层地铲下，直到胡蜂巢穴的走廊完全露出。走廊拐了个弯朝更深的土里通下去，我便挖得更为小心，直到半米深的地方出现了一个宽敞的洞穴，而胡蜂的蜂巢正完好无损地挂在洞顶。

胡蜂的巢穴

这真是一个杰作！灰色的蜂巢套在像南瓜般大的洞穴里，吻合得简直天衣无缝。最让人惊奇的是，蜂巢并不是直接长在洞顶，而是靠着深深穿进洞里的盘根错节的草根，牢牢地黏结在上面。只要是在土壤疏松的地方，土中没有掺杂石子等硬物，胡蜂挖出的洞穴就会又圆又大；一旦地质不一，那洞穴就会受障碍物的影响而建得不规则。

　　在蜂巢与洞壁间，有一条约1厘米宽的细缝。这是胡蜂们的通道，它们经过这里出去又回来，也是在这里不断地扩大洞穴、加筑巢层。在蜂巢的底部，是一个椭圆的像盆一样的坑，胡蜂们就以这里为地基不断向四周建"楼层"。洞穴被扩大一层，那蜂房也会随着增加一层。同时，这里也是胡蜂丢弃垃圾的地方。

　　小小的胡蜂能挖出这么大的居所，真让人惊叹！其实，在很久

胡蜂像燕子衔泥那样不辞辛苦地把土粒运送出去。

以前，蜂后为了加快建筑进程，往往会找一些被荒废的洞，比如田鼠洞、兔子洞，再经过简单的装修就住下了。但是，现在的胡蜂完全是靠着自己的辛勤劳作才挖出如此壮观的住宅，不仅里面洁净整齐，井然有序，就连外出的通道都畅通无阻，洞口处也没有土堆或任何挖过的痕迹，只是一个小窟窿眼儿露在地面。我不禁在想，它们挖掘出的土呢？从工程量来估算，挖出来的土可绝不仅是一两方的量啊。螳螂可以用尾部把土扫出去，蚂蚁也会利用自己嘴间的细颚把土搬运出去，堆在门口形成一座小山。可是，胡蜂靠什么呢？我在洞里和附近的地方几乎没发现挖出来的土。

对此，我在另外一些昆虫身上找到了答案。石蜂和切叶蜂性格温顺，所以观察起来相对容易。我发现，它们无一例外地选择了用口器咬住碎土的方式，像燕子衔泥那样一点一点儿、一次一次、不辞辛苦地把土粒运送出去。等一出洞穴，这些建筑师就犹如充了电一般，"嗖"地穿进远处的密林或草间，那时才会将废弃物用力甩出去；然后，来个急转身，再次飞回洞穴，继续着这场漫长的苦役。显然，胡蜂的清理方式也是这样。它们也要把堆积在洞里的土屑咬住，飞出洞穴，然后将其四处乱扔，远一些，近一点儿，总之决不会放在自家门口。这也是我之前单凭眼睛搜寻而一无所获的原因。

胡蜂的巢窝非常特别，很像是用一种灰褐色的锡纸裁剪而成的，每一间小屋子都被其他屋子围拢着，除了最外边的那一圈，成百上千的小屋子密密麻麻，上上下下，一层层地叠在一起，最终形成了一个球形锥体。在每一堵墙壁上还有不同颜色的条纹环绕着。胡蜂似乎生来就懂得热气球层层相套可以保存热量的原理，它们的建筑不仅美观高雅，而且空气不易流通，利于温度的提升，尤其在冬天，巢窝里可是比生了火炉还暖和呢！可是，夏天怎么办呢？我

猜那温度可以和世界上最热的地方相抗衡了！

　　胡蜂虽然是种小昆虫，可它们的造房工艺却绝对属于科学范畴，甚至在保暖原理的运用上，让只懂得依靠自然界的木料、煤炭来取暖的我们也自叹不如！不少人说，这是由于胡蜂在建巢的过程中懂得吸取经验，并通过自己的智慧加以完善和改进。我对此不敢苟同。因为据我观察，胡蜂在利用头脑方面可远不如盖房子得心应手，甚至还表现得非常愚蠢。

胡蜂的思考能力

　　在我家院子里的小路旁就有一个胡蜂巢。那是我经常散步的地方，也是孩子们追逐打闹的场所。可想而知，这群不速之客无异于一颗不定时炸弹，说不准哪天心情不佳就会对我和家人发出一番猛烈的攻击。因此，我决定将它们驱赶出去，而且出于一个自然学者的心理，我也想对它们进行一番考验。

　　一天晚上，我拿了一个玻璃罩来到胡蜂洞旁。此时，经过一整天忙碌奔波的胡蜂们大部分已进洞休息了，剩下的那些喜欢夜游的此刻也不在这里，当然它们也幸运地暂时躲过了这场磨难。我轻而易举地就将玻璃罩扣在了洞口上。大家想想，等第二天早上，辛勤的蜜工们要出去采蜜时会发生什么呢？它们能顺利出去吗？说实话，我并不是故意为难它们，既然有人说它们具有很好的思考能力，那不妨看看，它们是否懂得在玻璃罩前挖出一条只要两寸长就可以顺利逃生的凹形的小通道呢？

　　第二天，等到太阳高高地升上了树梢，我才回到玻璃罩前。大批的觅食者已从洞穴里钻出来，在玻璃罩里疯狂急迫地横冲直撞。有的一次次地用自己的身体、脑袋去撞，又一次次地摔回跌落在地上；有的拥挤盘旋在狭小的空间里，透明的翅膀胡乱地拍打在一起，你上我下地争抢着玻璃顶的好位置，似乎那儿有出去的可能；还有一些在地上无奈地爬来爬去，它们环绕着玻璃罩的沿儿，一遍一遍地找着出口。太阳越升越高，天气也越来越热，玻璃罩里更是闷热难耐！不久，它们疲惫地放弃了无谓的尝试，变得安静了许多，或一动不动地伏在地上，或慢腾腾地踱来踱去，还有一些觉得洞里舒服，索性又钻了回去。但是，短暂的休憩只是在酝酿着更大的风暴。很快，第二批飞了出来，对玻璃罩发起了比前一轮还要猛

我轻而易举地就将玻璃罩扣在了洞口上。

烈的进攻。结果伤亡了好几只，玻璃罩还是纹丝不动地立在那儿。最后，它们似乎明白了什么，不再徒劳地反抗，而是不断地在空中来回飞舞观察着，还有几只在玻璃沿儿旁好奇地打量起来，但自始至终，没有一只愿意尝试去挖一条通道来逃生的。

中午的时候，玻璃罩里的温度已是极度难忍，胡蜂们明显没有了力气，只是乖乖地伏在地上，偶尔会看见一只稍微走两步便又停下了。

在玻璃罩的外面，那些整夜流连在外的家伙们一只只地回来了，却发现已是有家难归。它们转着圈绞尽脑汁地想着。这时，有一只小家伙落在了罩沿儿旁，犹豫了片刻便开始用自己的小脚去挖。其他的胡蜂看见了，也都过来帮忙。没过多久，一条穿越玻璃罩的地下通道便修好了，它们也称心如意地钻了回去。

当流浪汉全部成为囚徒，我把那条刚挖掘出的通道堵上了，但只是从外面轻轻地虚掩上，从里面看，洞口还是清晰可见。我想看看它们会不会重新疏通开，顺利地逃脱出来。事实却出乎我的意料，没有一只胡蜂采取流浪汉们回去的方法，它们甚至并不关心同伴是怎么进来的，只是依旧漫无目的地沉溺于自我哀叹中。更奇怪的是，那些回家的胡蜂也没有将自己的办法教给大家，似乎从进去的那一刻就失去了记忆，忘记了这不仅是可以进去也是能逃出来的好办法。它们依旧慌乱地在里面徘徊着，煎熬着。

两天过去了，在严重的缺氧和饥饿状况下，大量的胡蜂死了，小小的身体几乎铺满了玻璃罩里的地面。等一个星期后再去看时，胡蜂已经全军覆没。

胡蜂知道怎么回去却不懂怎么出来，这种愚笨的思想可真让人无以言表，那些夸赞它们善于思考的人，此刻又有什么想法呢？其实，胡蜂之所以能挖通道重回家中，完全是原始本能的驱使——就像长大后要挖掘巢穴，或者巢穴被一些人为或自然的因素破坏后，它们的第一反应通常是搜寻洞口、清理通道、修葺巢穴。另外，熟练地掌握着回巢的最基本的方法也是纯粹的与生俱来的能力。所以，那些流浪汉能回去也就不足为奇了。至于无法出来的原因，也跟它们的习性密切相关。胡蜂日日都是从黑暗的巢穴飞往光明的世界，所以当它们飞进玻璃罩时，被玻璃罩里明亮的光线迷惑了双眼，从而迷失了方向。虽然被牢牢地限制在那巴掌大的地方，但是它们依然固执地认为那里就是能出去的地方，坚信着自己的想法，直到死去。如果它们真的具有思考的能力，哪怕只是一点点儿，我想结局也会不一样。

蜂　房

　　蜂房就是我们前面所说的蜂巢里的一间间小屋子，每一个蜂房都是一个六边形的柱体，朝下面开着口，一层蜂房叫一个巢脾。这也意味着幼蜂是倒立着出生、进食、出巢的。

　　一般情况下，下层的蜂房比上层的大，因为下层的是用来生育雌蜂和雄蜂的，上层则是供个头较小的工蜂生育的地方。工蜂是巢穴的建造者，为了下一代更好地成长，它们经常不怕劳累地扩大洞穴，新建巢窝，给雌蜂和雄蜂居住。

　　在一些旧巢里，最上层的蜂房往往会遭到蛀蚀，有时候会被蛀蚀到底部。另有一些情况，比如当胡蜂可以完全解决生存问题时，就会像推倒房子新建那样，把原有蜂房全部拆毁，再建成更大的房间，让雌蜂与雄蜂居住，从而保证了家族的持续强大。

　　一个蜂窝里有成百上千个小蜂房。不过，这只是粗略估计的结果，不同的蜂巢里蜂房的数目是不等的，有时候差距还相当大。

每一个蜂房都是一个六边形的柱体。

但是，我和一位叫雷奥米尔的博物学家在这方面的实验上得出了同样的结果：在一个蜂巢中，如果有15层巢脾，那么这个蜂巢大概就会有16000个小蜂房。除此之外，他还进一步研究发现：以一个有10000间蜂房的蜂巢为例，每年大概可以产出30000多只幼蜂，平均每个蜂房至少也要产3只。这真是一个让人吃惊的数字！

胡蜂虽然出生时数量庞大，但是面对严寒的冬日，大部分都处于水深火热之中，时刻都有被自然法则淘汰的危险。

生存法则

在12月的一个早上，地面结了一层薄薄的白霜，整个世界都被寒气和湿冷包裹着。我在菜园里看见了一个蜂窝。

　　这时候已经不再需要用窒息法来捕获胡蜂了，寒冷的天气已浇灭了它们的暴躁与热情。此刻，它们犹如疗养院里的病人，蜷伏在那温暖的小房子里，对于外面寒冷的世界连一眼都不愿多看。所以，我只要足够小心，俘获它们一点儿也不难。我用一把铁锹围着蜂窝挖出一条壕沟，直到整个洞穴都尽现眼前——蜂巢正挂在洞顶上。

　　在像锅底一样的洞穴底部，铺着厚厚一层胡蜂的尸体，大的、小的、胖的、瘦的，用手可以大把大把地抓起来。还有一些气若游丝的胡蜂，不经意间小翅膀会微微振一下，表示自己还活着，或者那只是它的一种痛苦的迹象。胡蜂们是不是知道自己时日无多，不愿污染自己洁净的房屋，所以

我用一把铁锹围着蜂窝挖出一条壕沟。

宁愿投身洞底？抑或是被那些坏心眼儿的、更强大的同胞强行推下去的？相比而言，我更希望是后者。不过，这寒冷的冬季确实给它们带来了巨大的打击，而这种野蛮的埋葬方式也让人心寒。

在这些死去的胡蜂中，绝大多数是那些勤劳的单身汉——可怜的工蜂们，其次就是雄蜂。它们都是带着使命结束了伟大荣耀的一生，这也是它们生存的一项重要意义。不过，里面也混杂着数量不多的雌蜂尸体，有几只还是大腹便便的母亲。幸好，蜂窝里还有一些存活的，这里并没有成为一座废城。我此刻正透过一条细缝，看见里面拥挤蠕动着的黑黄相间的毛茸茸的小身子。

我把它们带回了家，装进了一个罩起来的罐子里，并放置在温暖的房间里。为了便于观察，我把巢脾一层层地分割开来，丢弃了那些脆弱的，只把坚固的留下，然后又将它们重新累积起来，找了一片外壳作为巢壳。一切准备妥当，接下来的任务就是看看胡蜂在这温暖的居室里能否过出不同于外面的生活。

总的来说，在冬天导致胡蜂大量死亡的原因有两个：一个是寒冷，一个是饥饿。而我的房间里时时生着火光焰焰的火炉，这就保证了它们不会被冻死；我又把一酒盅蜂蜜放进罐子，让它们随时都能吃上食物，不至于被饿死。现在，已没有什么后顾之忧了，让我们拭目以待，看看会发生什么吧。

最初的几天，胡蜂们不像以往那样活泼，它们躲在小房子里不敢出来。之后，当它们发现这是个衣食无忧、温暖如春的地方时，显然充满了欣喜。我看见它们不管是工蜂，还是雌蜂、雄蜂，都兴奋地在里面飞来飞去，为有这么个好地方而击掌相庆。每当阳光从窗户照进来，也照在这个家族活跃的地方时，它们就会纷纷簇拥着跑到太阳照射的地方，争抢着沐浴阳光。它们过得愉悦而自在，一会儿飞到罩子顶部，一会儿又调皮地玩起了捉迷藏；有的在空中来回飞舞盘旋，有的则安静地伏在角落休息；有的吃了睡，睡起来又去吃几口；有的像个大领导一样，站在蜂巢顶俯视着下面。

　　六七天后，它们依旧过得安逸欢融，完全看不出任何不幸来临的征兆。忽然有一天，一只工蜂正好端端地在蜂巢顶晒太阳，莫名其妙地就一头栽了下去，抽搐了几下，便再也没有爬起来。

　　慢慢地，死亡大范围地侵袭而来。有一只从巢里出来正准备去吃食的雌蜂，嘴巴还没碰着蜂蜜，就仰面朝天地倒下了，它的身体一顿痉挛，之后便静止不动

不管是工蜂，还是雌蜂、雄蜂，都兴奋地
在里面飞来飞去。

了。我以为它的小生命就这样彻底结束了，可没想到，在中午炽热阳光的照射下，它竟然奇迹般地又活了过来，仿佛只是临时小睡了一会儿而已，又自如地回了巢房。但是，一切远不止于此，下午的时候，它的"病情"再次发作，从表面来看，与上午的症状一模一样，可这回它完全失去了活力，再也没有活过来。

还有那些老工蜂，它们的离去显得更为绝情，只是像被什么猛地击中一样瞬间瘫倒在地，就终结了自己残余的生命！而大部分的雌蜂和雄蜂就比较幸运了，因为雌蜂在这个季节里还是属于年轻者的行列，所以它们有充沛的体力和精力来对抗寒冬；而雄蜂由于自然的本能，只要自己做爸爸的愿望没有完成，那它们看起来永远都活力四射、聪敏灵巧。

在玻璃罩里，也有那么几只雌蜂显得无精打采，平日亮丽的身体此刻也变得灰不溜丢，可它们并没有打算死去的意思。再看看其余的雌蜂，它们总是保持着良好的个人卫生，每次吃饱喝足后，都会不停地用小脚梳理着自己脑袋、身子、翅膀下，认真把自己梳理干净，那圆鼓鼓的小身子在阳光的照耀下反射出耀眼的光芒。这就是死与生的不同，那些对自己不管不顾的家伙已经完全放弃了争取活下去的机会，直到享受过最后一次的阳光后，就告别了这个它们曾短暂生活过的世界。

在胡蜂的世界里，有一条严格的规定：凡是死了或即将要死的，都必须离开蜂房，以免给幼蜂带来坏的影响。那些负责清洁的工蜂对这种工作相当负责，对那些死去的或者奄奄一息的，都会毫不留情地统统扔到巢底。不过，很多时候胡蜂们都严守纪律，总会自己乖乖地在死前来到巢底。

时间慢慢流逝，虽然罩子里依旧暖和，也衣食无忧，但是胡蜂的数量在急剧下降。等过了年之后，只剩下十几只了。又过了一个月，唯一存活的那只一向坚强的雌蜂也倒地不起了。

是什么带走了这些幼小的生命呢？我没有让它们饿着也没有让它们冻着，怎么还会发生像乡间那样的悲惨事件呢？对于雄蜂的死我可以理解，因为它们在完成自己交尾的任务后就会离开这个世界。可是工蜂呢？它们在来年的春天可是一群建房子的工匠啊！最不可思议的是雌蜂，我始终无法找到合适的论据来解释它们的离去。它们在10月份出生时还那么健康，12月份也勇敢地熬了过来，为什么在暖融融的春天即将来临时，却选择了悄然离去呢？它们可是胡蜂家族繁衍生息的保障啊！我虽然没有了解过一个蜂窝里有多少雌蜂，但是从那遍地的尸体来看，说它们是数以千计一点儿也不为过。细想一下，一只雌蜂就可产出30000多只幼蜂，那如果千百只雌蜂同时生育，后果真是不堪设想！恐怕不仅是自然界，就是连人类居住的地方也会被它们疯狂占领呢！

看来，这是自然界的法则在引导着万千事物的生息，这也解释了工蜂和雌蜂毫无理由就死掉的原因，那是它们必须遵从的命运之路。只有这样，多才不算多，少也不算少。

读后感悟

　　胡蜂算是一种比较聪明的昆虫，它们会把蜂巢建成六边形，这样就可以在有限的空间里放下更多的蜂卵。不过，胡蜂毕竟也是动物，它们缺乏人类的思考能力，所以当洞口被玻璃罩罩住时，它们根本不会另外挖一个通道逃出来，这也是它们的弱点。其实，人也像胡蜂一样有长处和短处。在学习和生活中，我们一定要学会扬长避短。

蝎　子

对于蝎子这种外表不受欢迎的节肢动物，很多人都是了解甚少。那么，蝎子住在哪里呢？它们的身体结构又是怎样的呢？它们的毒液到底有多毒呢？

蝎子的住所

蝎子其貌不扬①，少言寡语，生活极度隐蔽，人们对它了解甚少，就算偶尔听说过什么，也不外乎是来源于解剖学家的那些单调数据。没有哪一位有心的学者向我们介绍过关于蝎子生活中的点滴，常见的却是不少人喜欢把它们开膛破肚泡进酒里，以此来增加药效。另外，便是由于它安静的个性给人以无限的遐想，那位最初的星象创立者也在受它启发的激情想象中，将其归入了十二星座。除此之外，便再无其他。

我第一次见到这些吓人的家伙是在几十年前。那时我还是个学生，在为一些研究而跑到山上寻找让人头皮发麻的多腿蜈蚣，没想到，一掀开石头，却看见一只长相怪异的隐士正在下面打盹儿，那样子可真够吓人的。我赶紧扔下石头远远地跑开，生怕它扑在我

微词典　① 其貌不扬：指人的容貌平常或丑陋。

的身上赖着不走。可是现在，我却与这些极像蜘蛛的怪异者打起了交道。

在荒石园里或村庄附近，只要细心地找，就能发现很多蝎子的身影。尤其是那片向阳的沙砾地，是它们最喜欢去的地方。我经常每隔几步就能在石头下的隙缝里看见它们圆鼓鼓的身子紧紧地贴着地面，尾巴又细又长，朝上卷曲着，尖部还挂着一滴毒液。

蝎子们一般居住在向阳、干燥的山坡地带，它们对那些可将自己完全隐蔽的浓茂草地没有丝毫兴趣。如果一个地方光秃秃的，酷热而杂乱，那么无疑会成为它们筑家的首选之地。不过，令人费解的是，蝎子家族是一群喜欢独居的动物，你很难在同一块石板或石头缝里看见两只蝎子共处一室，如果碰巧遇上了，那也一定是在互相吞噬着。它们往往会自动把家建到离别的蝎子几步远的地方，彼此互不干涉，互不打扰，独自过着属于自己的生活。

蝎子的住所非常简单。在一块石板下，只要有一道如瓶口那么粗的壕沟，有的略深有的略浅，那就说明这里可能有蝎子。它们往往会守在门口，对敌人摆出攻击的姿态。它们翘起尾巴，张开身前的大钳子，时刻准备着将毒液刺进敌人的体内。有时候，它们也会藏到深一些的地方，这时就需要借助挖掘工具了。只要顺着印迹追踪而去，很快就能让它们露出尾巴。

我用这个方法抓捕过不少蝎子，种类各异。我们较为熟悉的应该是普通的黑蝎子。有时候，这些黑家伙会鲁莽地闯进我们的房子，躲在黑暗的角落里，更有甚者还会钻进衣橱、被褥里。不过，它们并不会给我们带来什么伤害，只是爱把胆小的小孩儿吓哭，让我们也不时跟着惊叫。对它那副满不在乎的德行，人们更多是深恶痛绝。

但是，我现在研究的蝎子可并不是普通蝎子。它比那些更为巨大、可怕，也从不会登门拜访我们，它总是能离我们有多远就躲多

蝎子往往会守在门口对敌人摆出攻
击的姿态。

远，绝对不愿与人类以及它们其他的兄弟姐妹混在一起。

蝎子的身体结构

蝎子的身体构成看似简单，实则复杂。以我现在研究的蝎子为例，虽然它与普通蝎子在颜色等方面略有差别，但基本的结构是相同的。

这种蝎子成年后能有八九厘米长，颜色呈灰黄色，脊背处的颜色较暗。而它看似长长的尾巴实际却是腹部，由5节长短不一的棱柱连接而成。在尾部的末端，挂着一个呈水滴形的囊状物，那是它存放毒液的地方；而用来攻击敌人的毒针就长在水滴尖的部位，是一根向里弯曲、颜色灰暗的像针一样尖细的武器。每次攻击时，它都会先把尾巴高高地卷起在脊背上，这样毒针才能露出来扎中目标。在针尖的旁边，还有一个用肉眼无法看到的极其细小的孔，毒液就是从这里发射出去的。我用厚纸板尝试过它的厉害，结果厚纸板一扎便破。

蝎子的脊背被一条条蜿蜒的曲线分割成带状，很像古代士兵身穿的盔甲。这种盔甲坚硬、厚实，四边被一圈近看颗粒状、远看像花纹的东西紧压着，这也是蝎子最大的标志之一。而螯钳呢，长在它的脑袋两侧，不仅可以用来制服敌人，也可以喂自己吃东西，不过蝎子把它们当宝贝，从来不会用来走路或挖掘，而承担这一切的就是它的脚了。蝎子的脚很像是被刀切断的，在末端奇怪地长着一副短小的抓钩，在抓钩的中间还竖着一根像针一样的短刺，而且脚上长满了粗硬的纤毛。这也是人们能经常看见身手笨拙的蝎子灵活地攀爬于垂直或倒立的物体上的原因所在。

在蝎子的腰部还长着一种叫栉的东西，这是在其他小动物身上未曾见过的。栉由一片一片的方木板似的构造相互靠拢拼接而成，跟我们平时用的梳子有些相似。据一些解剖学家说，这是蝎子在交尾时需要用到的，利于它们的身体紧靠在一起。我对此不敢妄下结论，但有一点却是我亲眼所见。

在网罩里的蝎子，常常脊背朝下，抓着纱网来回走动。只要从外面看，就会清楚地看见栉的每一个变化。当它们停下来懒得再走时，栉就会被收起来，紧紧贴在腹部；而当它们再次行动时，栉就会分别向左右打开，就像我们过独木桥时，忍不住

蝎子的身体构成看似简单，实则复杂。

张开双手找平衡感一样，它们也是如此。每次都如出一辙，停下收起，走时张开。我因此也确信这是栉的重要作用之一。

蝎子总是给我们许多惊喜。瞧瞧，它们的脑袋上竟然长了8只眼睛！在背部中央，有两只圆鼓鼓的眼睛紧挨在一起，发出清亮的光芒，而上面正好有一条褶皱的皮纠结在那儿，无意中形成了一条连通的眉毛。别看这两只眼睛很大，由于光轴的影响，它们只能看清两侧的东西。

背部前端两侧各有3个侧眼，与大眼相似，只是要小得多，也更靠前一些，差不多长在上唇被截断而凸起的部位。不过它们也和那对大眼一样看不清东西。

既然蝎子的眼睛无法看清东西，那是依靠什么看清路的呢？据我对它们的观察，发挥指引作用的就是那对大钳子。每次行走时，蝎子都会将其打开，边走边摸索向前。有时，几只蝎子会撞在一起，但它们凭借本身所具有的感知力，总能清楚地通过触碰来了解对方的实力。往往那些弱小的会选择转身逃离，一句话不说就把地盘拱手相让。

蝎子的习性

对于蝎子的生活习性我真的是知之甚少。每日去山坡上追踪观察使我疲于奔命，经常无功而返。把它们养在笼子里又会对实验结果造成很大影响。剩下唯一可行的办法就是在我可以随时来去的地方为蝎子建一个类似野外生存的居所，这样一切就迎刃而解了。

很快，在我那宠爱着万千宝贝的荒石园里，一块不大不小的地方被圈了出来。这里安静而阳光充足，有些参差不齐的草根及植物、石子等，虽然土质与蝎子居住的地方有些不同，但只需将一些地方的土挖去，再用它们喜欢的土填上，压实压平即可。接着，我

又在土里挖了一些短短的浅壕，为它们之后的安家做好了前期准备。最后，我把它们最喜欢的屋顶——一块大青石板压在上面，又在外面对着浅壕的地方挖出一个小缺口，这就是它们回家的大门了。我把刚抓回来的俘虏们放在这门口，它们根本没有发现什么不同，依旧觉得这就是那个熟悉的家，一头便钻了进去。

　　我在这里养了大概20只蝎子，都是成年的，为了避免每日有恶战上演，它们之间总保持着几米远的距离。当然，这也是我提前测量好的，放置石板时也是按这个来的。至于食物，我不必为此发

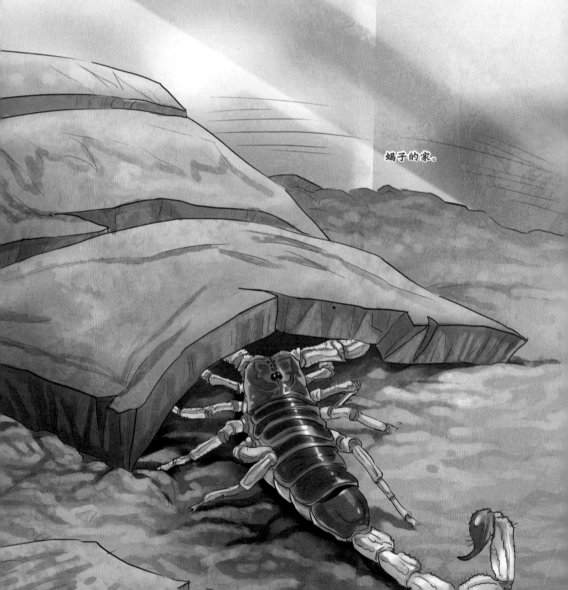

蝎子的家。

愁，这块小小的地方原本就是属于自然界的一部分，对于蝎子来说，这儿的野味只要辛苦一会儿就能找到。

不过，唯一让我无奈的是，这个"蝎子城"显然建得还不够大。当我正专心于观察某只蝎子的时候，不时会有其他蝎子跑来扰乱，如果耐不住性子去驱赶它，那么结果往往是实验对象也跟着钻回洞里了，之前的等待与努力便全都化为乌有。于是，我又建了一个蝎子场。这回是在实验室的桌子上，我用一个大瓦罐做房子，先在下面铺上筛过的细沙土，再放入几片碎花盆瓦片，使其与地面形成一条细缝，最后，用纱网罩把罐口盖住。一个简单的可以随意移动的小家就建成了。食物是通过纱网上的开口放进去的，每次喂完之后再紧紧封住即可。

本想把它们成双成对地养起来，但对于雌蝎子和雄蝎子，实在是太难分辨了，我不得不把体型较大的、颜色较深的当作雄蝎子，把体型较瘦小的、颜色金黄的当作雌蝎子。虽然被囚禁的这些家伙不时会打起来，但偶尔也有配对成功、互相忍让的。

很快，蝎子就开始挖洞了，我也亲眼见识了它们筑家的能力。在强烈的日光下，它们有些不舒服，于是想找地方躲藏一下。它们用最后那双脚做支点，用其他3对脚做工具，把土一点点儿地耙出来，然后再用长长的尾巴做后期的清扫工作，直到挖好的部分被修整得平坦光滑。之后，它们再继续挖土、耙出来。如此反复，直到尾巴尖也消失在花盆瓦片下。

蝎子从不用自己的螯做如此繁重的体力活，哪怕只是一粒沙子也不愿让它们触碰，一旦弄坏了螯，那蝎子以后可能就再也不能随心所欲地用自己的武器了。

我之前所说的那种普通的蝎子，可没有为自己建房子的本领，它们通常是找个隐蔽的石头缝或废墟堆钻进去便草草了事。其实，造成这种结果的原因是它们的尾巴又细又软，可不像我现在研究的

蝎子的尾巴那般又粗又壮，上面还长着细齿之类的东西。

住在荒石园里的蝎子们大部分也都找到了我提前为它们建好的简陋的家，只需经过再次加工，就完全符合它们对理想之所的要求了。在石板外的大门口，堆积着高高的一堆土，这证明了它们是怎样地辛苦忙碌了一晚上。

每天夜里，它们就住在里面，有时候白天太阳光太强，它们也会躲进去。

独自居住的蝎子经常在门洞前的石板下享受阳光的温暖。一旦石板被搬走，它们总会恼怒地卷起自己的尾巴，露出锋利的武器，之后再转身逃回洞里。等石板再次被放下来，稍过一小会儿，它们就又会钻出来，继续体验那温暖的感觉。

冬天就这样过去了。温暖的4月份到来的时候，莫名其妙的事情发生了！住在大瓦罐里的客人们变得脾气古怪，再也不回自己的卧室去了，它们整日在外面游荡，一副萎靡不振的样子，还努力想爬上罐壁和头顶的纱网。而那些住在园子里，我天天去拜访的常客们更让我震惊，没几天，身子娇小的那些无一例外地消失了！再过两天，大个子的家伙们也显得不再安分。果然，又过了几天，那曾经热闹的地方变得一片寂静——一只蝎子也不剩了！我翻遍了"蝎子城"，也找遍了附近每一个它们可能隐身的地方，始终没发现它们的踪影，蝎子们确实是失踪了！

唉！我大半年的辛苦付之东流！可我依旧在几天之后重新建了一座更大、更高、更严密的"蝎子城"，那些新抓来的俘虏成了这里的住户。可没想到的是，不幸再次降临，一夜之间，这些住户竟然全部逃走了！它们爬越了1米多高的城墙，回到了原本的世界。看来，它们那超强的攀爬能力还真是不一般啊！

我费尽心思地苦苦想着能让它们常住的好办法，最后只好给它们建一座玻璃房了。在这世界上，恐怕也只有玻璃能让它们那善于攀爬的爪子暂失功效了。

　　我特意请来了木匠和玻璃匠，一个负责制作装玻璃的木框架，一个负责安装玻璃。下午的时候，一个新的围场就弄好了。整体看来，它更像是用4扇巨型窗户围拢而成。我在围场里的地上铺了木板，又用蝎子喜欢的沙土厚厚地覆盖起来，再在堆积一旁的瓦片中挑选了一些大小适中的放在地上给它们安家落户。工程完毕，这里又能居住20几只蝎子了，而且也足够它们自如行走、互不影响了。

　　最后，我在玻璃围场的上面还特意加了顶盖。遇到刮风下雨，尤其是当严冬来临，只要把盖子盖上，那么里面仍旧是个温暖的小天堂。

　　我再次满怀激情地把客人们请了回来。它们显然并不喜欢这个地方，没待几分钟，就各自搜寻着可能出逃的路线。它们爬到玻璃旁边，知道这就是需要跨越的障碍，它们使劲地爬啊爬，用尾巴撑着身子立起来，8只爪子紧紧地贴在玻璃上，然而当它们一卷起尾巴准备出发时，却又"哧溜"一下滑了下去。它们不放弃，一次次地尝试，也一次次地跌回地上。那些聪明又幸运的，找到了框着玻璃的木架，竟然攀附着一步步向上爬去。虽然有些费劲，可总归是在向目标靠近着。没过多久，后面又跟着爬上几只，它们排着断断续续的队伍决意要远离这个足够明亮宽敞的世界。

　　这对我来说无疑是一种危险的警告！看来，就算我把木架做得细到不能再细，也足够让它们顺利逃出，恐怕就是一根丝线，它们也敢攀上去试试。我只好用镊子让它们再次安稳地落在地上。我不能一直守在那儿，一遍遍地重复这种无休止的工作啊！况且，到后来，几乎所有的蝎子都发现了这个逃离的好办法，我只好不停地围着玻璃房忙碌着，这可怎么办呢？

　　片刻后，我就想到了一个办法——把油和肥皂的混合物涂抹在木架上，使其表面更为光滑。这样，蝎子就很难攀附住木架了。但是，我估计错了，这样做只是让它们爬得更慢了一些而已，并没有起到类似玻璃的作用。我又尝试把玻璃纸贴了上去，这对那些胖嘟嘟的家伙起了效果，可是，那些身子轻盈、腿脚灵活的依然轻而易举地就在上面爬动了。最后，我又把羊脂涂在玻璃纸上，这才成功地制止了逃逸事件的再次发生。

蝎子虽然永远都做着逃跑的打算，可之后它们也只能徒劳地在玻璃前一次次地练习着尾部的支撑功能。这些优越的攀爬高手终于

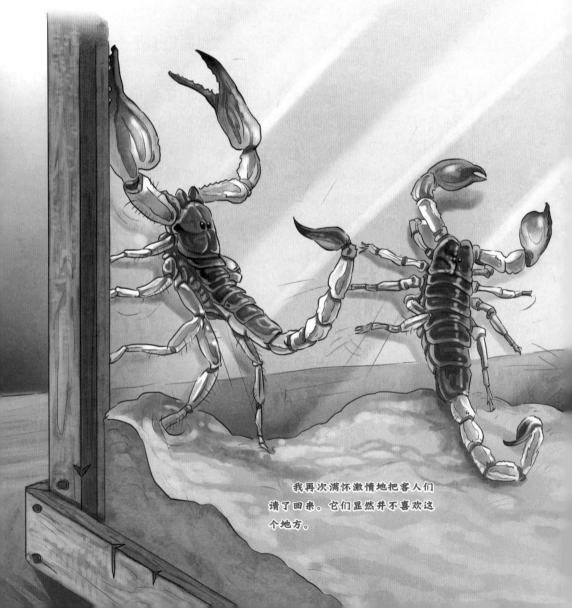

我再次满怀激情地把客人们请了回来。它们显然并不喜欢这个地方。

遇到了强大的"对手"。如今，它们在这座玻璃城堡里安安稳稳地住下了，和我那荒石园及实验室的蝎子场一起构成了独特的风景。

　　每当孩子们经过时，总是忍不住跑去瞧瞧。如果这些怪异的家伙能开口叫上几声，孩子们可能还会跟它们开几句玩笑呢！

蝎子的毒液

　　蝎子攻击猎物的利器除了螯就是毒针。可它对于这两样宝贝的使用总有自己的一套方案。比如，在遇到弱小的对手时，往往只需使用螯进行出击便足够了；如果碰到的对手非常强大，那么毒针才会派上用场。它们先用螯将对手抓住，然后，慢慢卷起棱节状的尾巴，将毒针刺入对手的身体，反复几次就足够让那倒霉的家伙倒在它的面前了。

　　可说实话，我并没有见过哪个小动物给蝎子带来过至少一次小小的危险或考验。虽然我不止一次地期盼过这样的场景。也许是因为蝎子居住的环境发生了变化，总之幸运女神从来没有眷顾我。可想看看惊心动魄的场面也并不是难事，只要从中撮合一下便可看到。顺便也让我们瞧瞧那毒液到底有多厉害吧！

　　我给它们安排的第一个对手是一只狼蛛。双方简直是棋逢对手，因为狼蛛也有带着毒液的毒獠牙，那功效并不比蝎子差多少。决斗的场所是一只瓶口开阔的测量杯，我在杯底铺上了一层柔软的细沙，使任何一方都不至于吃亏。在这场看似势均力敌的比试中，究竟哪一方会更胜一筹呢？我预测狼蛛将取得胜利。因为它看似瘦弱，实则身手敏捷，只要充分发挥自己的弹跳力，无疑会像发射暗器一样猛地扑上去把蝎子一口咬住。

　　可事实却恰恰相反，等把狼蛛放进去，它的表现却不尽如人意——虽然它首先表示出进攻的态势，半直起身子，张开自己赖以为生的毒獠牙，但是它显然忽略了这次的敌人与以往对手的不同。蝎子镇定自若地扫视一番面前的细腿怪物，伸开双钳，慢慢逼近。狼蛛满心欢喜，只要蝎子再靠近一些，它就准备出击，扑向蝎子的脖颈。可就在这时，蝎子那长长的螯竟然掐住了狼蛛的身子。狼蛛着急地乱蹬着腿，脑袋左扭扭，右扭扭，想一口咬住蝎子的前臂，可狼蛛几乎没有脖

蝎子攻击猎物的利器除了螯就是毒针。

子，毒獠牙无奈地在空中合上打开，打开合上。接着，蝎子不紧不慢地卷起自己的长尾巴，末梢的毒针轻微地抽动着，似乎在瞄准要扎入的地方，很快，蝎子将毒针刺了下去，正中狼蛛的黑胸膛。

毒针随着尾部的摆动，像针一样边转动边越刺越深，为了使毒液更好地发挥效力，毒针往往会在对手体内停留较长时间。身形高挑的狼蛛没有多久就蹬着腿脚死了。

我在这之后又放入了六七只其他种类的蜘蛛，不但结果相同，连过程都一模一样。蝎子吃起狼蛛肉是那么津津有味，毕竟在我给它们建造的房子里，是几乎碰不到这么令它们垂涎欲滴的猎物的。它们吃东西有一个惯例：不管吃什么猎物，总是先从头部吃起，慢慢到身子，再到尾部。狼蛛几乎和蝎子一样大，我很怀疑蝎子的食量有这么大吗，可它显然乐于向我证明这点。整整一天，它终于享受完了这顿盛宴，只剩下狼蛛那细瘦的腿肢节凌乱地散落在地上。

接下来要上场的选手是螳螂，它不仅像狼蛛一样是厉害的猎物，而且那副锯齿和蝎子的螯有一拼。可是，这两个对手似乎签了什么协议，彼此并不愿发生正面冲突，也不侵犯各自的领地。但是，等到雌螳螂产卵筑巢时，这些不守信用的家伙就偷偷地发动了侵袭。这样的场面是很难再见到了，我担心为见证这么一个过程而再花费一年多的时间有些得不偿失，便干脆将待产的螳螂和蝎子一起请到了实验室。

这次的决斗场是在一个陶罐子里。两个对手开始时只是互相看彼此不顺眼，并没有要一决胜负的意思，我只得调节气氛，以达到让它们厮杀的目的。我用棍子把它们扒拉到一起，它们才条件反射般地瞪着彼此。蝎子还是一贯的攻击方式，它伸展开大钳子，将螳螂紧紧地钳住。螳螂迅速给予反击，张开锋利的锯齿，翅膀随之高高立起。但是，这恐吓的姿势不仅没有吓唬住蝎子，反而暴露了弱点。蝎子卷起尾巴，将毒针轻易地刺入了螳螂那失去锯齿保护的

胸膛。

　　螳螂像猛地受到雷击一样，四条腿即刻缩拢成一团，全身上下不住地抽搐着，只有锯齿的前端、头顶的触须和利嘴保持着该有的坚强。唉！蝎子的毒液果然不同寻常。只要被扎到，恐怕连最强壮的小动物也会倒下。

　　蝼蛄呢？我在草丛中无意看见了它，这个长得像个老头子，穿

蝎子和螳螂的决斗场是在一个陶罐子里。

着黑褐色长衣，还有一对大剪刀的家伙，让人们异常讨厌！它总是偷偷地钻到地下吃农民们新播的种子，还把庄稼的根茎咬断，还喜欢在潮湿的土里钻来钻去。蝎子和它住在完全不同的地方，以至于这两个陌生的家伙一见面便立刻弥漫出一片火药味。双方谁也不示弱，你有毒尾巴，我有大剪刀，看看哪个更厉害！

蝎子抢先摆出进攻的架势，伸展开双臂向前攀爬。蝼蛄也举起自己的大剪刀，想让这不知好歹的家伙尝尝那难受的滋味！它背上的翅膀还不时展开，相互摩擦着为自己助威。可是，蝎子显然不把这种儿戏放在眼里，更没心思看对方胡闹乱舞。只见它迅速地翘起尾巴，把毒针慢慢立起，举高，向对手袭击而去。在蝼蛄的背部，有一块坚硬的护甲，在护甲的四周就是它那软乎乎的肉，蝎子把毒针刺进了肉里。那刚刚还气势汹汹的家伙顷刻间失去了所有力气，高举的剪刀也耷拉在地上。它全身痉挛，做着一些奇奇怪怪的动作，头顶的触角软绵绵地摇晃着，散开又聚拢，聚拢又散开，腹部也剧烈地起伏着。过了好久，蝼蛄吓人的抖动终于渐渐平息。最后，当细脚末端的最后一丝颤微也停止时，蝼蛄死了。

对于蝼蛄的死，我是有些怀疑的。这种小动物虽然比之前的实验对象的生命维持得更长一些，但是据我推测它还可以维持更久，是不是因为蝎子正好刺中了它的要害部位呢？如果刺中的是别的地方，它会不会还能多活一会儿呢？我又把几只蝼蛄放进了决斗场。当然，也放进了新的蝎子。因为经过一场搏斗，原来那只蝎子的毒液已所剩无几，如果不用新的蝎子，结果也会受到影响。

我在这其中充当了绝对的主角，一直用两根棍控制着愤怒的双方。但是，很明显，蝼蛄看似长得霸道，可根本不是那怪物的对手。蝎子不管把毒针插进哪里——蝼蛄的腿上、腹部、尾部，都无一例外地让它倒下后再也没有起来。

现在，该轮到灰蝗虫了。这场战役可真是迂回曲折啊。一开始

也不知道出于什么原因，蝎子看到那爱蹦跶的家伙之后便一直往后躲，不再像平时那般积极凶狠。而灰蝗虫呢？显然，它并不接受这样的肯定，只是着急地想要逃离这个冷清的世界。它一次次跳起来撞在玻璃顶上，又重重地摔回地上。终于有一次，它像弹簧似的四处跳跃后，竟一脚踏在了伏在地上的蝎子的背上。本来坚守忍让政策的蝎子彻底被激怒了，随即麻利地卷起尾巴，一针扎进灰蝗虫的

蝎子抢先摆出进攻的架势，伸展开双臂向前攀爬。

腹部。高猛的蝗虫受到突然的袭击，右腿瞬间没有了感觉，接着另一条腿也像瘫痪了似的没有了一点儿力气。它重重地倒在地上，刚才还犹如弹簧一般，现在却只剩下在地上蠕动的劲儿了。它的4条腿疯狂地乱蹬着，仍想挣扎着站起来。然而在一番苦苦坚持下，它好不容易直起的半个身子，最终不受控制地无力地瘫倒在地上。蝗虫在长时间的痉挛、残喘中终于变得安宁。不过，有时候仅需要一个小时便足够了。

在这之后，我又让蚱蜢、距螽、蜻蜓、蝉等许多小动物参与了实验。结果它们只是在坚持的时间长短上不同而已，这反而让那些坚强者经受了更久的痛苦。

蝎子的毒液多么可怕啊！没有一种或强壮或机灵的小动物能侥幸逃过。被蝎子的毒针扎过后，有的即刻丧命，有的苟活几日，总之没有一种能安然活下来。其实，受伤的严重情况往往与毒液的射入量有关。但是，蝎子对自己的毒液还是非常爱惜的，很多时候舍不得用。不过，一旦决定要用，它自己也控制不好用量，以至大部分小动物受伤不轻。难道就没有一种昆虫可以逃过蝎子的魔爪吗？哪怕只是一只？

在我的荒石园里，还住着一些尊贵、漂亮的客人，它们穿着艳丽的服装，整日在花丛中飞舞，以至给自己招来了不幸。本来，我对它们并没有什么研究的必要，但是当所有可用的东西用完后，那些最不常用的东西也会变得具有同样的价值。所以，我费尽心思地捕捉了一些，它们中有金凤蝶、蛱蝶、王蝶、斑蝶等好几种，这些纤细娇嫩的家伙比我预想的还要惨，简直就是一触即倒，就像一个瘦弱的小孩敌不过霸道蛮狠的对手。不过，偶尔有一两只存活得会稍微久一点儿。

其中，使我颇感意外的是那只体型健壮的大孔雀蛾，它是唯一一只给进攻的蝎子造成困惑的昆虫。这可真有些奇怪。大孔雀蛾

灰蝗虫像弹簧似的四处跳跃后，竟一脚踏在
了伏在地上的蝎子的背上。

像一位金刚战士，百毒不侵，百刀不入，我一次次地看着那恶毒的家伙把利剑朝它身上狠狠地刺去，它柔软的绒毛丝丝脱落，可一次次的担心过后，一切又恢复了平静。大孔雀蛾不想招惹是非，便尽量腾跃起来，躲开那不可理喻的怪物，所以看起来也并没有受到什么伤害。

蝎子显然被激怒了，这绝对是对它的地位和尊严的挑战，它发起了更猛烈的进攻。但是，急迫的心态使它失去了平日的镇定冷静，毒针接连偏离要害，大孔雀蛾依旧灵活飞舞着，结果依然不得而知。最后，我实在等不下去了，便将大孔雀蛾腹部的那层绒毛去掉了。此时，它细嫩的皮肤完全露出，蝎子这回可没错过任何机会，直接冲着那块秃噜了的地方刺去。至于受害者中了几针，我真的没有数清楚，只是见攻击手的毒针在一段时间内没有停歇过。然而，大孔雀蛾并没有因此就倒地痉挛。它静静地站在原地，像在沉思，也像在打盹儿，好久都一动不动。我以为它就这样死了，可若碰碰它，它身子的反应依旧机敏。

我把大孔雀蛾单独放在了纱网罩着的器皿里，以便观察它的动静。可这位病人始终坚守着沉默是金的好品性，一进里面就立刻用细腿末端的跗节紧紧地抓着纱网，把自己倒挂在上面，连翅膀都懒得颤抖，像被点了穴一样一动不动。

一整天过去了，它似乎睡着了。第二天，它看起来和死了一样。我忍不住想探个究竟，便伸手进去捉住它的翅膀，没想到它身子一颤，猛地一激灵，用力挣脱我的手，再次飞回了纱网上。第三天，它仍旧在那儿悬挂着，若没有什么东西打扰，它是绝对懒得动半下的。第四天，它的体力和精神被消耗殆尽，一头栽了下来，就这样死去了。

说实话，这结果可足以让人为之惊叹了！但是，更让人佩服的是：这是一只雌蛾，它在生命枯竭之时战胜了死亡，一直到产卵完

成才遗憾地告别了这个世界。可是，从自然科学方面来考虑，大孔雀蛾的死似乎与蝎子的毒液毫无瓜葛。因为大孔雀蛾没有嘴巴，从来都不吃任何食物，但它也并不是被饿死的，而是它们的生命本来就很短暂，往往只有几天，等到完成母亲的使命，就会撒手离去。那么，蝎子不是罪魁祸首吗？它的毒液对于大孔雀蛾来说根本不足畏惧吗？我又用桑蚕蛾进行了实验，它的生存特性与大孔雀蛾很相似，美中不足的是：与前者相比，它无疑是一个典型的侏儒症①患者。但是，这羸弱的小家伙在面对那只蝎子时可一点儿也没退缩，虽然最后也死了，但同时它的生命也走到了既定的尽头——它像千千万万只桑蚕蛾一样，产完卵后就走向了死亡。

我不禁想起了那些体型强壮而器官精细的实验者们，它们往往是在一阵痉挛后便安然不动了，它们为什么没有熬过这个悲惨的结局呢？纯粹是因为蝎子的毒液太可怕了吗？那蛾类怎么可以撑到第四天呢？我是否也可以就此认为，身体构造越是粗糙的小动物，它们承受、抵抗侵害的能力就越强呢？不妨让我用身体构造简单的蜈蚣再试试吧。

蜈蚣与蝎子的习性完全不同——一个是夜猫子，一个喜欢早睡早起。所以，在"蝎子城"里，它们虽然住在一起，但是碰面的机会并不多。只是偶尔那么几次，我搬开石板后发现它们在相隔有一拃长的距离处各自休息，也有时候会看见蝎子用大钳子紧紧将蜈蚣制服，大口大口地吃着。

我这次选的蜈蚣算是节肢动物中最勇猛的了。瞧它那44条长腿，长长的身子简直就像一条蜿蜒的长龙。当它顺着战场的壁沿爬动时，犹如甩动的绸缎在不断地起伏。

❄ 小·讲坛 ① 侏儒症：一种疾病，表现为身材异常矮小。这种异常的发育多由腺垂体的功能低下所致。

　　蝎子安静地欣赏着这场无聊的表演。这时，那慌乱的家伙不小心把颤抖的触须碰到了蛰伏者的身上，一瞬间，蜈蚣像被针扎了一样缩了回去，继续绕着壁沿匆匆爬动。可等蜈蚣再次转回蝎子的身后时，那狡诈的猎手已做好了出击的准备。毕竟，不管是人类还是动物，能吃上鲜美可口的食物总归是不愿拒绝的享受啊！它的尾巴卷起呈弓形，从每一个绷得紧紧的小节就可以猜到它使出了多大的力气，那双硕大的钳子也已早早张开。

　　蜈蚣呢？它从开始就陷入了极度的恐慌，所以对后来会发生些什么完全忘记了考虑。别看蝎子平时视力不大好，可每次进攻，钳子都会又狠又准地夹住足以让敌人丧命的部位。这回也不例外，就在蜈蚣那长长的身子刚爬到蝎子的跟前时，蝎子的大钳子就准确无误地把蜈蚣的脖颈紧紧地钳住，还流露出一些自鸣得意的表情！

　　蜈蚣这笨家伙被突然而来的疼痛刺激，胡乱地摆动着身子，有毒的牙齿左咬右咬，可就是碰不到蝎子的身体。它一次次在空中徒劳地重复着攻击的动作，无论怎么努力挣扎都无法逃脱。蝎子见此情景，将尾部的毒针快速地举过头顶，麻利地刺入敌人的身体，1次，两次，3次……它显然将蜈蚣归于难敌的对手行列，一心想着赶紧结束战斗，以至在用毒方面一点儿也不吝啬。可是，蜈蚣也出奇地坚强，没有倒下，甚至没有颤抖，就算一切都是白费力气，它也不准备放弃。就这样，拼杀持续了一会儿，谁也没达到目的，看起来将会持续很长时间。可我觉得蜈蚣这个受气包太可怜了，便人为地将两个互不相让的斗士分开了。蜈蚣身上不知有多少伤口，总之我从它暗黄的身上看到鲜血流了出来，它转头舔了起来，那样子可真让人心疼！蝎子却像什么都没干似的，虚伪地伏在地上。但是，我相信，蝎子的脑子里可绝不是像它外表一样乖乖的！

　　第二天，双方的体力恢复得差不多了，恶战再次打响，一会儿工夫，蜈蚣便接连遭受了诸多摧残，从流血的结果推测，它的情

况比昨天更惨！我再次将它们分开，然后干脆用窗帘把玻璃战场蒙起来，让它们在黑暗中重新养精蓄锐。第三天，我猜昨晚肯定又爆发了大战，虽然早上打开那层窗帘时两个对手是分开的，但明显蜈蚣的状态更差了，之前那游窜甩动的劲儿不见了，像是生病了一样有气无力地待在那儿。蝎子也少了往日的残暴，一动不动地趴在原地，丝毫不敢有进攻的念头。第四天，在蝎子的热切期盼中，蜈蚣死了。蝎子这才又恢复了本性，扑上去大口撕咬起来。等待了几天的猎物，现在终于能吃了，除了狼吞虎咽我真的没看出其他。

它的大钳子再次准确无误地把蜈蚣
的脖颈紧紧地钳住。

这该怎么解释呢？被蝎子刺中后，一些强壮的小动物很快便会死去，一些低等的反而可以熬过好几天。我想原因肯定在于动物本身的内部构造及大自然赐予的生活习性。可蝼蛄这家伙在像某些高等动物那样快地死去时，为几乎其他所有低等动物都可证明成立的真理打了一个大大的问号。因此，我所有的实验结果到头来只是说明了一些事情而已，如果想探索出蝎子的尾巴里到底卖的什么药，凭借这些还显然无法理出一个头绪。

蝎子这才又恢复了本性，
扑上去大口撕咬起来。

蝎子的卵

关于蝎子的卵的研究，我曾一度陷入迷途，因为那位权威的大师莱昂·杜福尔说蝎子是在9月份产卵，我便笃定这是绝对正确的。相比起巴斯德对蝉的无知，我那稍有知识的头脑反而没有给我带来些许帮助，还差点儿让我付出更多的等待。

幸亏上帝眷顾我，在一次偶然的外出观察中，我惊奇地发现几只蝎子正在产卵，而有一些已经度过了生育期，正背着身体还很虚弱的小蝎子在砾石中溜达。这太让人纳闷了，这会儿才刚到7月中旬啊，离所谓的9月还有一个多月呢！当然，我从后来的实验中找到了对这种现象的解释，这很有可能是两地的气候不同所造成的差异。

这些7月产卵的蝎子是普通的蝎子，与我家养的朗克多蝎子相比，它们更显瘦小，性格也非常安静。这正好可以满足我的愿望——把那些大腹便便的待产者装进适当大小的广口器皿杯里，放在我的实验台上，再用一块木板当作屋顶。每个早上，我都会去揭开木板，瞧瞧昨晚在这些沉闷的家伙身上是否发生了一些让人惊喜的事，等观察工作一结束再把木板放回去。这办法方便而快捷，使我少操了不少心。不像那些尊贵的“寄居者”，石板屋这儿一个，那儿一个，每次想拜访它们都不得不一个个揭开，之后再一个个盖好。

大概过了十几天，一天清晨，当我再次习惯性地揭开那片屋顶时，一只雌蝎子像跳动的琴键一样跃入我的眼帘，昨天还是一身黑亮的连衣裙，一夜过后就穿上了洁白的马甲——在它的背部，密密地聚集着细微盐粒般的幼蝎！它们快活地爬来爬去。啊！这场面让我倍感温馨！

在之后的两个早上，先后又有3只雌蝎子的小宝宝出世。现在，我的广口瓶里已从原来的冷冷清清变得热闹非凡，平日温顺的母亲也开始享受这种喜悦，不时带着孩子们惬意地爬动着。这时，我想起了住在荒石园和玻璃房里的蝎子，它们此刻会是什么情景呢？

出乎我的意料，当我掀开隐居者们休憩的青石板时，那景象使我既震惊又兴奋！在20多个住所中，有3只蝎子已经产卵。其中一只雌蝎子的幼虫明显比另外两只的大。而且，从另外两只依旧细心呵护着的身体下的残留物可以看出，它们的分娩应该是在前天夜里进行的。我也从后来的实验中推算出那些稍大一点儿的小蝎子已出生一个星期了。唯一遗憾的是，到目前为止，我一直没能亲眼看到这一过程。

7月转瞬即逝，接着8月和9月也过去了。无论是黑蝎子或是郎克多蝎子，从7月末以后，就再没有一只穿上过白色的外套。虽然它们中有很多腹部臃肿，看起来和生产前的蝎子没什么太大的区别，但直到冬天来临，也没有任何一只满足我的期望。由此也可看出蝎子的怀孕期有多长了。

除此之外，我还观察到了更为重要的一点，这是从其他动物中很难发现的。一些书上说蝎子是胎生动物，其实这并不准确。想想一只朗克多蝎子一次可产三四十枚卵，而普通蝎子虽然产卵略少一些，但是如果这些幼蝎子在母亲肚子里时就张开它们的大钳子，卷着带毒针的尾巴，伸展开腿脚，那恐怕生不了几只，雌蝎子细小的产道就会被这些佩带利器的小家伙们毁坏得支离破碎了。所以，它们出生时必定是被什么包裹着的，更准确地说它们应该是卵生动物，只不过它们孵化的速度十分迅速，不像其他动物那样，产卵之后还要经过长时间的孵化。而刚出生的蝎子幼虫与成熟的蝎子在外形上也是不同的。

以上这些绝对不是我的妄断，而是我确实看到过这样的事实。虽然一次次地错过了它们产卵的过程，但偶尔有一两次还是幸运地

赶上了收尾。

有一天早上，我起得比平时略早了一些，当我来到实验室，像平常那样拿掉屋顶后，就看见一只雌蝎子的背上有几只幼虫零散地伏在上面，还有两只正从它的腹部爬出来，想和哥哥、姐姐一起聚集到母亲的背上。

我随手从桌上拿起一支笔，把雌蝎子的身体生硬地推到一边，发现它趴着的地方有一小堆残留物。我再仔细地看了看，发现里面除了几只蠕动的幼虫，还有几枚卵，那形态和从怀孕的人体中解剖出来的胎儿一模一样。小蝎子们就被包在"胎盘"里面，它们蜷缩成米粒般大小，螯紧紧地收在胸前，尾巴没有卷起而是压在腹部，腿脚也贴在身体两

雌蝎子细心地呵护着身体下的残留物。

一只雌蝎子的背上密密地聚集着细微盐粒般的幼蝎。

侧。小小的卵粒外表光滑，像水滴一样透明柔软，表皮上还有两个小黑点——那是小蝎子的眼睛。

雌蝎子几乎毫不费力地就把孩子们带到了这个世界。那么，这群小家伙是怎么从卵内出来的呢？等我把那着急不堪的母亲重新推回去，使它的身体继续伏在它的宝贝们上面时，这位母亲迫不及待地解答了我的疑问。只见它用那双大颚叼住卵膜，力道合适地一撕，液体便从裂口流了出来。随着裂口的扩大，幼蝎也慢慢露了出来，等母亲把卵膜完全吞进肚子，小家伙也随即跌落在地上。这个过程看起来有些野蛮和粗鲁，但没有一只幼蝎受到伤害。

生命就是一次奇妙的旅程，我们永远都猜不透接下来会发生些什么，那些凭着对某一个对象的了解就想窥探出整个族群规律的想法更是愚蠢，因为生命的规律有千千万万种，有的平凡，有的精彩，有的短暂，有的漫长，甚至同一类生物也会有完美与遗憾的差别。无论怎样，蝎子那与人类极其相似的分娩方式，也足可被载入史册了。

小蝎子的成长

初生的幼蝎通体白净，这与其后来的深暗颜色完全不同。朗克多蝎子的幼蝎体长（从头部到尾尖的毒针）大概有9毫米，而普通黑蝎子的幼蝎只有4毫米。它们从滚落在地面上起，便无一例外地找寻着母亲的螯，然后一只跟着一只，有条不紊地排着长队爬上母亲的脊背。在那里，小家伙们紧挨着聚成连绵的一片，从远处看，就像是黄昏时归家的羊群。它们就在母亲的背上开始了成长。

我好奇地用笔尖碰触那些小家伙，没想到它们竟用爪子牢牢地抠着母亲的表皮，不费一点儿力气还很难把它们弄下来。而此时的雌蝎呢，如我们人类的母亲一样对恶意攻击自己孩子的坏人表现出了极大的愤慨。它张开双钳，像个拳击手一样怒目以待，但不会再卷起自己的毒针，我猜它是担心一旦使用这致命的武器，会把孩子们抖落下去。可出乎我的意料，当我把一只幼蝎拨到地上时，它竟然一副无所谓的态度，与它吓人的架势完全背道而行！它眼睁睁地看着幼小的孩子就在自己的眼皮子底下不知所措，也没有表现出一点点儿母亲的温柔和关爱。直到可怜的孩子自己再次找到母亲的螯，顺着又一路爬了回去。

接着，我又将十几只幼蝎拨落在地上。一开始，狠心的母亲依旧不为所动，但看着孩子们在自己身边漫无目的地游来晃去，始终找不着回"家"的路，母亲终于沉不住气了。它伸出螯，围成一个半圆，像用耙子耙地那样，把孩子们三两下就拢回了身前。说实话，这动作可真够残忍的，如果不是孩子们足够坚韧和幸运，恐怕断腿流血的事绝对会发生。

最有意思的是，蝎子和狼蛛一样愚蠢，它们总是分不清自己的孩子和别人的孩子。有一次，我把一只蝎子背上的小蝎子扫在另一只蝎子跟前，这位母亲表现得相当善良和大度，像看到了自己的孩子一样用螯把它们耙过来，心甘情愿地让它们爬上了自己的背。唉！这看起来还真有些让人哭笑不得，本来是缺点，但在这件事上却成了一种美好品德。但是，总的来说，蝎子还是一位尽责的母亲，一旦有了小孩，就不会像其他蝎子那样外出，而是有较长的一段时间足不出户，不问吃喝，全心全意地照看孩子们。

小蝎子们在母亲的身上要一直待一个星期。在这段时间里，它们的身体从里到外都在发生着变化。因为它们现在的身体轮廓还很模糊，看起来就像被浓浓的雾气笼罩着，只有经过一次蜕皮的蜕变，才可以使自己的身体变得灵活轻巧。不过，这是一次对生命的考验。

蝎子真正的蜕皮应该是前胸会裂开一条缝，它们就从这唯一的

出口爬出来，留下一个与它们此刻身形完全一样的空壳子，但眼前的情况却有些大相径庭。

我用镊子夹了几只正在蜕皮的幼蝎放在桌子上，它们一动不动，似乎遇到了什么恐惧的事，身子偶尔会有些微微颤抖。它们的外皮差不多同时裂开，胸前、尾部、腰部两侧，共有4处开口。这会儿，它们身上的肢节被彻底释放，自如地伸缩着，感受着前所未有的自由。很快，它们脱下了外衣，成功地摆脱了限制成长的束缚。

那些七零八落地散落在母亲背上的衣块，现在又成了它们舒适的床褥，睡在上面便不用担心会掉下来了。

小蝎子们有了像父母一样的外形，虽然它们的体色还是很苍白，但动作明显比之前灵敏了。更让我吃惊的是它们身体上的巨大变化——朗克多幼蝎的体长由原来的9毫米增至14毫米，普通幼蝎也从4毫米变为6~7毫米。

没过几天，小蝎子的体色也发生了变化，首先腹部和尾部变成了淡淡的金黄色，慢慢地，颜色越来越暗，螯也变成了琥珀色。与此同时，小家伙们尝试着脱离母亲的背部，有时会调皮地跳到地上自由自在地玩耍一番。如果离得太远了，一直监视着它们的母亲就会伸出钳子，把孩子们重新圈拢回来。

其实，小蝎子们很喜欢依偎在母亲的身边。我常常看见它们有的撒娇地靠在母亲的胸前；有的则爬上母亲的尾巴，在那个装着毒液的水滴球上居高临望；有的躺在软乎乎的"床"上，欣赏着湛蓝的天空；还有一些躲在母亲的腹部，睁着大眼睛好奇地打量着四周，黑黑的小眼珠转啊转；另有一些倒挂在母亲的腿上，悠闲地荡秋千。这些可爱的小蝎子争抢着在母亲的身上到处游玩，不时把别的兄弟姐妹挤下去，自己爬上去瞧瞧。

那么，小蝎子们在学会独立之前都吃些什么呢？对此，我从未见过。有一天，我把一只鲜嫩的蝗虫喂给雌蝎，可这位母亲又暴露出了自私绝情的本性——看到食物只顾自己慢慢地品尝享受，完全忘记了正翘首盼望，想看看母亲正在咀嚼什么的孩子们。

有一只幼蝎忍不住爬到了母亲的额头，还想着要往下继续爬，可当它柔嫩的螯一碰到母亲的大颚，它便立刻像被电击了一样赶紧反身退回。这真是一个聪明的举动，如果它再下去半步，那很可能会随着蝗虫被贪吃的母亲吞下肚。还有一只不知何时爬上了蝗虫的

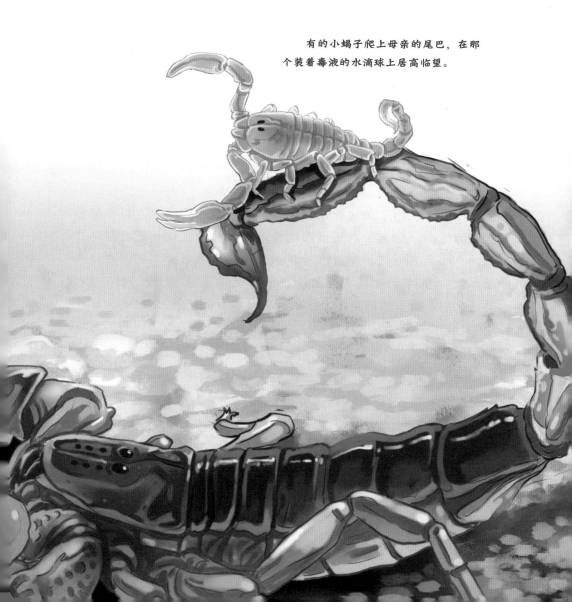

有的小蝎子爬上母亲的尾巴，在那个装着毒液的水滴球上居高临望。

尾巴，它使劲啃啊啃，可一口都没吃着，因为那里实在太硬了。后来，这样的情景我已经见惯不怪了，雌蝎一直只顾自己吃。

也不知道是因为这个原因，还是习性的关系，小蝎子们和母亲不再像以前那么亲热，还有一些表现得很冷漠，更多的是焦躁不安。它们四处乱窜，似乎在寻找着什么出口，从而靠自己获取食物。雌蝎对孩子们也越来越生疏。我知道，等明年这个时候，这些残忍的母亲很可能还会把自己的孩子吃掉。

是该让它们回到原本属于自己的世界了！虽然我有些不舍，也知道那陌生残酷的环境会给它们的生存带来巨大的威胁和考验，但是，生活不就是这样吗？有谁可以没有忧愁地度过一生呢？有谁不是在努力后才收获成功呢？我将把它们放回那片骄阳似火的乱石坡，在那里，我相信它们会过得更快乐，活得更有意义。

一方面，蝎子在捕食方面是个狠角色，这容易让人同情那些弱小的猎物，对蝎子产生愤恨之情。另一方面，蝎子是称职的妈妈，小心翼翼地呵护着自己的孩子，这又让人敬仰不已。在这个世界上，任何事物都有两面性，所以无论对人也好，对事情也罢，我们必须多方面斟酌才能做出最终的选择。

蝗 虫

在多数人的印象中，蝗虫是名副其实的害虫，不过作者却极力想为蝗虫平反，那么蝗虫有什么值得我们尊重的地方呢？

无辜的蝗虫

明天一早我们全家人就要一起去捉蝗虫了。一想到这事我就非常高兴，就连做梦也会梦见那些美丽的小家伙。它们有着五颜六色的翅膀和长腿，我的眼前浮现出它们不停地跳来跳去的情景。

捉蝗虫是一件非常有意义的事情，不仅可以为农田除去害虫，更重要的是全家人在一起享受一个美好的上午，这是多么惬意舒服的事啊！

我们在草丛和花簇中仔细地搜寻着蝗虫的身影，不一会儿就捉了好多。尤其是小保尔和勃丽娜，小小年纪就成了抓捕的高手。

蝗虫并不是全都一样，用姿态万千来形容也绝对不是夸大其词，看看我们的纸袋里，胖的、瘦的、大的、小的、文静的、调皮的，还有一些颜色艳丽的。其中，有一只长着粉红色的翅膀，后腿深红，它就是美丽的意大利蝗虫；那只总是喜欢蹦蹦跳跳，脊梁上像用白色粉笔画了4条斑马线，身上还装饰着几片大小不一的深绿

色斑点的小东西则是勃丽娜的最爱。

总的来说，今天真是收获不小啊！我们几乎不费吹灰之力就用蝗虫装满了所有的纸袋和盒子，而此时的太阳才刚刚开始炙烤大地。趁着天气还算凉快，我们赶紧回家吧！这些活蹦乱跳的蝗虫会住在我的实验室，我有好多问题要向它们请教呢！

我们都知道，蝗虫在昆虫界一直被冠以恶贯满盈的名声——在人们的眼中，它们是极坏的。可为什么会这样呢？蝗虫真的是害虫吗？它们真的该遭受谴责吗？我会带着公平的心态向大家证明。但是，首先我必须声明，我现在研究的蝗虫并不是来自那些蝗虫泛滥的自然灾害地区。

在我看来，蝗虫完全是受到了那些恶霸们的牵连。其实，它们也应该算是功臣，最起码我所在的这一地区的农民们没有对蝗虫进行过控诉。

我们可以换一种角度来思考，农民家中养的鸡除了吃谷物，最热衷的食物当然就是蝗虫，从而使我们的美食——鸡肉更加鲜美。此外，母鸡们对蝗虫的热爱使自身的繁殖能力增强，下蛋的数量也有所增多，受益匪浅的母鸡们于是把这种能力传授给了下一代的小鸡们。我经常看见老母鸡带着鸡宝宝在田野中贼头贼脑地走来走去。除了家禽，大部分鸟儿对蝗虫也是极其偏爱。蝗虫是一种肉美、味鲜、营养价值高的美食，鸟儿因为吃了美味佳肴，身体也更加肥胖，它们鲜美的肉为人类的餐桌锦上添花。由此可见，最终受益的还是我们人类。

我们还有什么理由去指责蝗虫呢？即使它们偶尔在菜地里的大白菜上咬了几个洞，这也不算什么大罪过吧？我们怎么能因为它们的一点儿小错而埋没它们的功劳呢？又怎能将它们列入那些臭名昭著的昆虫的行列呢？如果没有它们，鸟儿飞到了贫瘠的地方，岂不是要饿得无法扇动翅膀了？

再说，人类也曾把蝗虫作为美味来享用。一位阿拉伯作家曾这样写道："把蝗虫放在太阳下暴晒，等其干枯，磨成粉末状，再与面粉、油、盐等一起搅拌，最后蒸熟便可食用。或将蝗虫放在两层煤炭的缝隙中，烤熟后即可食用。"

不单单鸟类对蝗虫有一种特殊的热爱，很多其他动物也是如此，尤其以爬行动物较为突出。蜥蜴时不时会用尖细的嘴叼着一只蝗虫在墙壁上爬来爬去；鱼儿对蝗虫也是非常青睐，一旦蝗虫不慎跳入了水中，鱼儿就会一跃而上将其一口吞进肚，因此有很多渔夫将蝗虫作为诱饵来引鱼上钩。

我想不用再说太多了，大家已经很清楚蝗虫的价值了吧！它们间接地为人类提供了大量的美味佳肴，因此我们实在没有理由不对它们加以真诚的赞美。

虽然现在人们没有吃蝗虫的习惯，但这并不影响蝗虫所带来的功绩，大量的蝗虫成为千千万万鸟类的美食，从而也为我们奉献了鲜嫩的美味。

在生物世界，任何事情相对于食物来说都显得无足轻重。为了餐桌上的美味，我们付出了极大的努力。即使社会再进步，科学再发达，人类能将食物问题在一个小小的试验室里解决吗？答案当然是否定的。难道我们不再需要谷物、肉类、蔬菜和水果了吗？这显然是不可能的。因此，我们还是相信动植物吧，至少它们现在可以让我们填饱肚子，尤其是蝗虫为我们人类喂养了许多的美味。

蝗虫的发声器

也许是为可以给人类间接地提供食物而感到自豪，蝗虫还会演奏美妙的乐曲，以此表达内心的快乐。我常常看见沉浸于幸福与满足中的蝗虫，一边享受着温暖的阳光，一边演奏着。只见它用自己的后腿做琴弓，不时地摩擦着腹部，发出即兴的曲调。它偶尔用左腿，偶尔用右腿，兴奋至极时还会两腿齐上，不过中间会有节奏地停歇一下。

蝗虫的乐曲声是非常微弱的，如果听得不够仔细，或者环境太嘈杂，就算它们一起演奏，你也几乎不会听到什么。用针划过纸面

蝗虫一边享受着温暖的阳光，
一边演奏着。

的声音来形容这种微弱真是再恰当不过了。其实，这归根结底还是在于它们那简陋的乐器。

所有会演奏的蝗虫的乐器都是相同的。让我们先以意大利蝗虫为例，它的后腿分上、下两部分，且都呈直线形，腿的每一侧都有两根很粗的肋条，在这两根粗肋条之间竖向排列着许多小肋条，这些肋条清晰可见，都非常光滑，且都向外凸起。鞘翅也没有什么太特殊的地方，只是在末梢的边缘部分有比较粗的翅脉，除此之外再没有什么类似于锯齿的东西了。就是靠着这两样普通的身体构造，它们找到了宣泄情绪的方式。就像我之前所说的，它们仅仅是用后腿摩擦腹腔来发出声响，就像是人类摩拳擦掌一样。为了发出这微弱的声音，它们需要付出很大的努力，非常用力地进行摩擦，腿部不停地上下抖动，可即使是这样，还是收效甚微，我们即使是竖起耳朵也很难听到那微弱的歌声。其实，蝗虫并不是在炫耀自己的歌声，而只是在单纯地抒发着自己快乐的情感。

蝗虫是一种极其喜爱阳光的昆虫。如果今天天气晴朗，它们一定会栖息在温暖的阳光下，悠闲得意地咀嚼着食物，还不断哼着快乐的小曲。随着阳光越来越强烈，它们后腿的摩擦也会越来越强；当太阳躲入云层时，蝗虫的歌声也停止了，一直等到阳光再洒下时，它们的小曲才会再次响起。

但是，并不是所有的蝗虫都有权利用唱歌来表达自己的心情，有一些偏偏没有这种天赋。像长鼻蝗虫，虽然它们的腿又细又长，但我除了见它跳来跳去，从来没有见过它们摩擦自己的腹部。就算是阳光洒满了整片草丛，它们也总是一副闷闷不乐的表情，一动不动地趴在那里。

胖乎乎的灰蝗虫也是一个哑巴，它们的腿很长，看起来非常漂亮。虽然不能拉弓演奏，可它们很聪明，找到了另外一种表达自我的方式。在阳光灿烂的日子里，我总会在荒石园的草丛中看见它们不知疲惫地跳来跳去，在将近1个小时的时间里，一直孜孜不倦地扑打着翅膀。

还有一种叫作步行蝗虫的家伙，它们在唱歌方面显然不行，甚至在进化上与其他同类相比也差了一截。这些绅士总是穿着棕色的小礼服在草丛中散步。它们的脊背可真光滑，像质地上等的绸缎；腹部是黄色的；而粗壮的大腿下面是珊瑚般的红色；那修长的后腿是纯净的蓝色，还带了一副象牙白的镯子。可这身打扮属于幼虫的状态。它们看起来还真有些发育不良，尤其是鞘翅和翅膀，与普通的蝗虫相比，明显又小又短，边缘

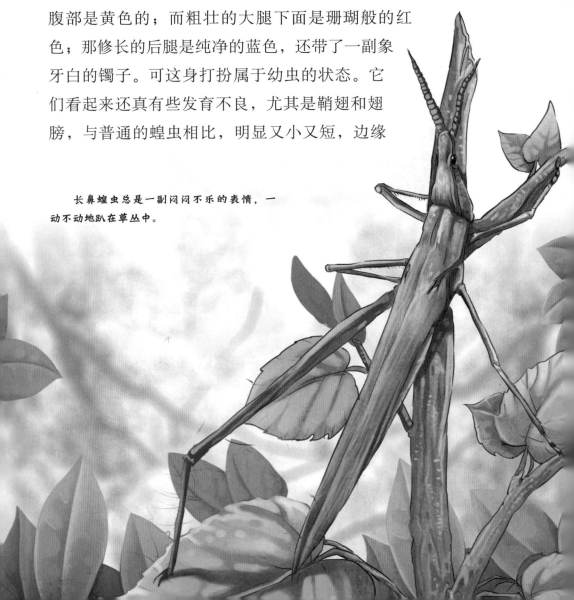

长鼻蝗虫总是一副闷闷不乐的表情，一动不动地趴在草丛中。

也没有凸起的脉络，这或许就是它们不能发声的重要原因，即使它们也拥有强壮的长腿。

实际上，此刻的步行蝗虫已经长大成熟可以交尾了。它们一生都会这样度过，穿着短小礼服，看似优雅，却让人觉得遗憾，直到死亡。至于它们是不是有别的宣泄方式，那就不得而知了。

有一点始终困扰着我，我也没有找到合适的论据解答自己的疑惑，那就是为什么独独这种小蝗虫没有飞行器官呢？它们一辈子只能用脚走路，当居所附近的食物被啃噬殆尽时，别的蝗虫只需展开翅膀，轻而易举地就可以飞到另一个食物丰盛的地方，但步行蝗虫只能徒步，辛苦地找来找去，可也似乎乐于接受这种平庸的生活。

有人把这归结为进化上的问题，对此我不敢苟同。请原谅我暂时不能接受生命进化到一半就停止的现象，至少我还没有收集到这方面的事实。那么，会不会是由于生存环境的艰苦而导致的呢？可这显然也不能成立，因为其他蝗虫也出生于类似这样的地方。

好了，既然无法找到有说服力的解释，那就暂且搁置一旁吧！毕竟这是属于物种起源的问题，在自然界内定的规则与奥秘前，我还是认输算了。幸运的话，希望在未来的某天我能找到答案。

蝗虫的产卵

说来也奇怪，蝗虫是种食量很小的昆虫，在我的实验室里用纱网罩着的容器里，只需扔进一片莴苣叶就够这群小东西吃上几天了。可在繁殖这方面就另当别论了。

在每年的8月底，几乎要临近中午的时候，雌蝗虫总会选择居所的边缘地带作为产卵点。接着，它慢慢用力，把自己略显圆滚的

现在，雌蝗虫的腹部几乎都插在土里了。它的上身有规律地微微颤动着，很明显那是因为输卵管正在排卵的缘故，尤其是它的后脑勺处像脉搏一样"突突"地跳动着，脑袋随之也上下一点一点的。这个时候，总会有爱看热闹的家伙聚过来。有时是一只雄蝗虫，它身体瘦小，看着面前的女士在痛苦地分娩，似乎想帮忙又手足无措；有时也会是几只雌蝗虫，它们看着同伴在完成一个伟大的使命，不禁流露出羡慕的表情。

大约40分钟后，原本静止不动的母亲突然会像被安装了发动机一样，猛地从沙土里射出去，直接跳到远处。对于刚产下的卵它连看也不看，更不会把沙面上的洞眼堵上。这可真不是一个好母亲的表现。

不过，我刚才说的是意大利蝗虫，像普通的黑条蓝蝗虫和黑面蝗虫就不会这样。它们的生产方式和前者一模一样，也是先将身体插入沙土中，头部上下一点一点的，大概半个小时后，从容地抽出下半身，但决不会像意大利蝗虫那样恨不得立刻脱离那些还在孕育着的小生命。它们会细心地用后腿扫着沙土，把洞眼掩埋起来，可即使这样仍然不放心，于是又用脚在上面踩来踩去。伴随着踩踏，它们还会愉悦地拉起琴弓——粗壮的后腿抬起放下，抬起放下，摩擦着鞘翅的末端，曲调轻松活泼。直到觉得坑面踏实了它们才停下，接着转身走到莴苣叶前，大口大口地吃着补充些体能，开始为之后的生活做准备。

这时，产卵的地方已和别的地方没什么区别了，就算心怀鬼胎者再怎么努力去找也终究会失望而返。

　　灰蝗虫与以上所说的3种蝗虫都不一样。它们性情温和，淳朴善良，从不会损害农人的庄稼，就连生产时间也提前到了每年的4月底。跟其他蝗虫母亲一样，雌灰蝗虫的肚子顶端也配备着在产前用于挖掘的工具——两对短短的钩子成对排列着，上面的那对比较粗壮，爪尖朝上；下面的那对相对小一些，爪尖朝下。这些小爪子又黑又硬，像勺子一样弯曲着，不过这更利于挖掘。

　　在生产前，灰蝗虫会先把长长的腹部弯曲起来，几乎要弯成一个直角，然后，再用小钩子不缓不急地刨着地面，等略成一个坑形时，就把肚子插进土里。它们的动作并不像别的蝗虫那样费劲，看起来反而显得很轻松，不一会儿，腹部就全埋了进去。这可真让人惊叹，它们沉稳自信，在这个过程中没有表现出一点儿痛苦或艰难

雌蝗虫的腹部几乎都插在土里了。

的样子。说实话，这里的土地可并不像奶酪蛋糕一样松软，而是非常的坚硬啊！

　　除此之外，雌灰蝗虫的产卵点也不是随随便便就选择好的。像这只雌虫，它一直走走停停地钻了5个孔，直到钻完第6个才决定安顿下来。再看看那些被遗弃的、呈铅笔那么粗的孔柱，它们垂直而下，内壁看起来光滑又结实，就连细小的粉尘也不会脱落。有多深呢？据我判断，应该是和雌蝗虫腹部在极度伸展时的长度一样。

　　此时，雌灰蝗虫的腹部插入地下，只有上半身露出地表，并靠着那双被挤压褶皱的翅膀支撑着重心。它纹丝不动，全身心地投入其中，可不像我在前面介绍的那几种似的头会微微地点动，所以这无疑为我在揣测它的腹部是如何产卵时蒙上了一层神秘的面纱。

　　这种静止的状态一直持续了近一个小时。终于，它的腹部渐渐浮了上来，那双褶皱的翅膀也随即慢慢舒展开来。就在它的腹部快要露出卵洞时，我清楚地看见它的排卵口不断地抖动着，分泌出一种极像螳螂产卵时排出的米白色的泡沫状黏液。最后，当雌蝗虫的身体完全爬上地面宣告排卵结束时，这泡沫黏液在洞口形成了一个类似于拱形桥洞的突起物，把洞口密实地盖住了。之后，这位母亲也像其他母亲那样，头也不回地离去了。过不了几天，它又会找地方再次产卵。

　　虽然大部分蝗虫在产卵后会将洞口封好，甚至像灰蝗虫这样有特殊洞口，但偶尔排卵会在还没有达到地表前就早早结束了，以至在一些外在因素的影响下，洞口会与地面完全融合，使表面看起来和其他地方没什么区别，恐怕它们的同类也很难找得到，但我却清清楚楚地记得每一个存放着虫卵的地方。

蝗虫的卵

　　没过几天，我就迫不及待地拿着一把平日削铅笔的小刀，把产卵点一个一个地挖开了。只需挖三四厘米，就会看见一个外表粗糙、颜色灰暗的卵囊。

　　由于蝗虫的种类不同，卵囊的形状也各有特点，但基本的构造是相同的，都是由一种和螳螂产卵时相似的白色泡沫物凝结而成。只是随着排卵，黏液会不断地渗入周围的土壁中，因此当卵囊变干时，外部就会附着一层粗糙不堪的保护层。

　　卵囊里除了卵和泡沫，再无其他。而卵也只是存放在囊的底部，被倾斜而有序地排列包裹在泡沫外皮中。囊的上半部分有的大有的小，但顶部都与地面齐平，这部分完全是由泡沫构成，这样的好处就是等幼虫孵化后，可以顺利地爬出黑暗的世界。现在，就让我们来逐一了解一下各种蝗虫的卵囊吧。

　　意大利蝗虫的记性好像一点儿都不好，它急急忙忙地产完卵，刚想要跳出去摆脱这无趣的使命，又突然想起还有一件重要的事情没有完成——那就是用泡沫给孩子们筑一道可以自行爬出的通道。于是，在卵囊的顶部，又长出了一个极不协调的附件，那样子有点儿像逗号的尾巴，因为中间有道深凹的天堑作为分界线，所以整体看来，这更像是一座三角形的两层楼房。不过，楼与楼之间有一条畅通的隧道连接着。

　　黑面蝗虫的卵囊约三四厘米长，直径却只有5毫米，这使它纤细的形状略有些弯曲。囊的底部浑圆，但顶端就像被刀切了一截似的，平整而光滑；囊里有20多枚虫卵，它们颜色艳丽，介于橘子橙与苹果红之间，上面还分布着一些细小的斑点；囊内的泡沫很少，

也就是刚好包裹住虫卵而已。不过，在卵的上方，也有着最重要的泡沫通道，它只有一小段长，但透明而纤细，非常漂亮。

蓝翅蝗虫的卵囊像一个胖胖的倒立着的小蝌蚪，脑袋朝下，尾巴朝上，虫卵就放在那鼓鼓的大脑袋里。从外形也可推算出，里面的卵最多不会超过40枚，不过它们的颜色与黑面蝗虫的卵一样，唯一不同的是上面没有斑点。让我倍感奇怪的是：在卵囊的上面，还有着一根弯曲的由粗变细的枝杈。

步行蝗虫的卵囊与蓝翅蝗虫的卵囊很像，也是一个倒立蝌蚪的模样。可是，它的虫卵显然更少，也就是20多枚，颜色呈红棕色，上面还有一些凹陷的斑点组成的漂亮花边。这可真让我惊叹不已！有谁会想到，在这幽暗不起眼的地方，会有着如同我们人类想方设法不断设计创造的蕾丝褶皱呢！美真是无处不在。看似被上天冷落的小家伙也有着让同伴甚至是人类羡慕的东西。

而灰蝗虫呢？这个能产好几次卵的伟大母亲，它的卵囊会有什么特别之处呢？答案不言而喻。当我挖开沙土时，一个长可达6厘米、直径8毫米的柱体出现在我眼前，这可是我见过的最长的一个卵囊了。除了露在地表外的部分呈拱形，其他地方形状匀称，上下粗细一致。略让我失望的是：里面只有30多枚卵，所占据的地方也只是卵囊全长的六分之一；它们的颜色也不艳丽，而是略显俗气的黄灰色，像一个个纺锤体一样被包裹在泡沫里。卵囊其余的部分由白色的泡沫构成，纤细易碎，也许是出于这个原因，外面才会被一层土砾保护起来。

我相信，蝗虫的产卵技术应该不止这些，有的还要更简单，有的还要更复杂，无论如何，这未知的世界实在有太多奥秘值得我们去探究了。下面，我就以长鼻蝗虫为例，详细了解一下卵囊的构

蝗虫的卵也只是存放在囊的底部，倾斜而有序地排列包裹在泡沫外皮中。

造吧！

　　长鼻蝗虫是仅次于灰蝗虫的第二大蝗虫。但是，它们身材苗条，体形独特，尤其是那双用于跳跃的后腿，像助跑器，像弹簧，也像节日里的高跷。总之，它们那拥有异乎寻常的跳跃力的腿比身子还要长，而且我确信再没有哪种昆虫能拥有和它们相媲美的双腿了。再看看它们的脑袋，多么奇怪啊！短小的脖子上分明是挂着一个圆锥形的即将融化掉的小糖块，似乎是原本固态的糖块变成了稠液状，随着融化的过程而拉出一个小尖，也许正是缘于此，才得来"长鼻"的名号吧！它们的眼睛大而明亮，扁平尖细的触须像两把匕首一样长在脑壳的顶端，负责收集一切可能需要的信息。

　　另外，长鼻蝗虫还有一个不同之处。据我观察，普通蝗虫性格较为温和，它们之间一般都是和平相处，就算受到饥饿威胁，也

不会以强欺弱。但是，长鼻蝗虫可不这样，它们更为凶残。我尽量从网罩的开口处扔下丰富的食物，它们也满心欢喜，尝尝这，吃吃那，显得极其活泼可爱。但是，一旦它们吃腻了这新鲜美味的餐点，就会向比自己瘦小的同伴发出攻击，吞噬掉对方。这件事使我又难过又矛盾，不论我是给它们丰富的食物还是单调的一片绿叶，这样的事情总会上演。

在我的纱网罩容器里，长鼻蝗虫的产卵方式也出乎我的意料。10月初，它们一反常态，不像别的蝗虫那样将卵产在土里，而是显得随意散漫，不做任何准备，在露天的地上或者是爬到纱网上就开始了排卵。在腹部的末端，先是流出一股像肥皂液般柔滑的白色泡沫，不过这泡沫会立刻凝固成粗粗的绳子状，上面也有着如拧出的一道道弯曲的结节，接着，卵囊就会掉在地上，这儿一个，那儿一个，但那位母亲对此却熟视无睹。这个过程一直持续了一个小时。

长鼻蝗虫的卵囊形状各异，而且颜色也会发生变化，比如刚排出时是稻草般的黄绿色，慢慢地颜色会变深，到第二天就成了棕褐色。

卵囊最先被排出的那部分没有繁殖的作用，不过它与后半部分的大小基本相同，更重要的是，它说明了排出泡沫的器官是先于排卵的器官工作的。后半部分的泡沫里，包裹着20多枚深黄色的卵，这些卵都是两头呈椭圆形，有八九毫米长。

那么，蝗虫是怎么让黏液起泡的呢？显而易见，它们的排卵方式虽然与螳螂很相似，但泡沫的形成方式却是不同的。螳螂依靠的是犹如小勺的排卵口将黏液像搅拌蛋清一样弄出泡沫。那蝗虫呢？这一景象我从来没有看见过，我只看到从黏液被排出的那一刻它就已经是泡沫状了，所以我只能说泡沫在体内时就已经被制作好了。

其实，这所有的过程就像现代的工厂一样，不同的机器负责生产不同的零件，然后再一件一件组装起来，就成了一个可供使用的产品。螳螂、蝗虫也一样，它们并不是靠着异想天开或者是个体的某种技巧，而是完全凭借自然界所赋予的本能、特性和机制，在其相互配合下自动进行着让人惊诧不已的事。仅此而已。

蝗虫的幼虫

最早进行孵化的幼虫是长鼻蝗虫和灰蝗虫。8月份的时候就可以看见灰蝗虫幼虫在草间欢乐地蹦跶了。10月份，长鼻蝗虫的孩子们也出世了，而此时其他大部分的蝗虫卵还被埋在地下，等着第二年春暖花开的时候破壳而出。

其实，那些被埋于地下的卵也并不是完全安全的。虽然现在沙土松软，像粉末一样细滑，但是如果冬天下一场大雪，或是春天雨水较多，那地面也会慢慢变得结实或干硬，到时候那些手无缚鸡之力①的小家伙们怎么穿过土层出来呢？虽然这土层只有两寸深，可对它们来说，已经是危及生命的考验了！然而，我所有的担心都是多余的，那位看似无情的母亲早就想到了这一点，做好了十足的准备。

在幼虫出生时，它们的头顶上并不是一层坚硬的土质外壳，而是一条由泡沫保护着的短小通道，沿着这条通道，小家伙们可以不费吹灰之力就到达离地面最近的地方。而这条特殊的通道实际就是我之前所说的"附件"。

微词典 ① 手无缚鸡之力：形容力气很小。

我曾对这个附件进行过一番实验。如果我把卵囊上的这个附件剪掉，那新生儿无疑都会在离地面两寸的地下因挣扎力竭而亡；如果卵囊完好如初，那幼虫就会沿着通道直达地面附近。由此可见这个附件的作用有多么大了吧！

虽然在附件的帮助下，幼虫到达了离地面一寸深的地方，但要想穿过这最后一道难关获取自由，还需要付出极大的努力。为此，我将蓝翅蝗虫的卵囊放进了刚够它容身的试管中，这样不管从哪个方向都可以如我所愿地进行观察了。

6月底，追逐自由的号角吹响了！白色中略带着棕红色的幼虫孵化出来了。不过，它们也像有些昆虫那样，为了减小爬行的阻力而临时用一层透明的外衣包裹着。我清楚地看见触角和触须紧贴在它们弯着的脑袋上，分外突出的后腿和其他腿脚有序地折叠好，暂时存放在腹部下。不过，此时的腿脚还没有成形，和上身一样短小。可是，一旦开始上路，它们的腿脚就会略微伸展开一些，后腿蹬直成一条直线，而这完全是为了在挖掘时提供一个支点。

幼虫的挖掘工具长在后脑勺处，是一个很像暖瓶塞的泡囊。泡囊一会儿鼓起，一会儿凹瘪，还有节奏地颤动着。幼虫就是依靠它来走向光明的世界，但这实在是让我牵挂和担心！小小的柔软的泡囊要与干硬的地面相抗衡，这无异于是以卵击石！整整一个小时，我看着那些可怜的小家伙不知疲倦地扭动着腰身，随之就用后颈的泡囊撞击地面，1次，两次，3次……最终只向前走了1毫米远。

如果不是雌蝗虫提前筑好的"杰作"，恐怕这些幼虫走不了几步就会全都悲惨而死。这也说明获得自由是一项多么艰难的旅程了。

幼虫就这样靠着头部的泡囊坚持不懈地埋头苦干好几天，才能顺利地爬上地面，获得自由。到了地面后，它们往往是稍稍调整一下就迫不及待地再次颤动起泡囊。瞬间，那层保护的外衣破裂开来，幼虫如卸掉了镣铐般轻松自在，后腿一蹬便把那身破衣烂衫丢弃在了地上。现在，它们彻底自由了。虽然体色依旧很淡，但它们的外形已基本成形，腿脚也可以灵活自如地伸展了，只要有可能，它们就会忘记之前的所有辛劳，痛快地奔跑跳跃一番！

　　我想到雌蝗虫在产卵结束后总会吃点儿东西补充营养和体力，便自作聪明地给小家伙们摘了一片只有指甲大小的极嫩的绿叶，放在了它们面前，我猜想一定会发生簇拥争抢的场面。可让我大跌眼镜的是，它们全都沉默拒绝了我的好意。这是为什么呢？哦！我知道了，在开始进食之前，它们需要在温暖的阳光下好好晒一晒，好让自己成熟一些。

　　蝗虫往往成群出现，这让我们以为蝗虫的繁殖是一件很容易的事情。不过，在阅读完本篇之后便会知道，蝗虫要想挣脱束缚到达地面是一件多么困难的事情。其实，我们在生活中也会遇到许多困难，如果害怕困难，那么我们就可能停滞不前；如果想办法克服困难，跨过了这道坎儿，就像蝗虫的幼虫一样，我们的人生一定会更上一层楼。

斑 纹 蜂

斑纹蜂和一般的蜜蜂有些不同，它们的家族并没有那么庞大。那么，这些小家族是如何运转的呢？它们日常的生活又是怎样的呢？

矿蜂身材细长，它们的大小却各不相同。但是，它们有一个共同的特征，就是在腹部的底端有一条光滑明亮的细沟，当敌人来犯时，这条细沟就会来回地移动，像一只出鞘的兵器。我这次要说的是矿蜂中的一种——红色斑纹蜂。顾名思义，这种蜂的身上有一条红棕色的斑纹，雌蜂的斑纹是很美丽的。红色斑纹蜂是矿蜂中个头最大的一种。

它们把窝搭在我们家院子里的那条小径上。每到春天，它们就一群一群地来到这个地方安营扎寨。每群数量不一，其中比较大的蜂群差不多有上百只红色斑纹蜂。

每年一到4月，它们就开始了搭窝的工作，人们可以看到那一个个新堆起来的小土包。至于那些干活的红色斑纹蜂，我们外人是很少能有机会看到的，因为它们通常是在坑的下面忙碌着。我们在外面可以看到那小土堆渐渐地有了动静，先是顶部开始动，接着有东西从顶上沿着斜坡滚下来——一个劳动者捧着满怀的废料，从土堆顶端的开口处抛到外面来，而它们自己却用不着出来。

5月到了，太阳和鲜花给这个世界带来了欢乐。4月的矿工们这时已经变成了勤劳的采蜜者。我常常看到它们满身披着黄色的尘土停在土堆上，而那些土堆现在已变得像一只倒扣着的碗了，那碗底上的洞就是它们的家门口。

它们的地下建筑离地面最近的部分是一根几乎垂直的通道，大约有一支铅笔那么粗，在地面下有6～12寸深，这个部分就算是走廊了。在走廊的下面是一个小小的巢。每个小巢大概有3/4寸长，呈椭圆形。那些小巢有一个公共的走廊通到地上。

每一个小巢内部都修葺得很光滑、精致。我们可以看出一个个淡淡的六角形的印子，这就是它们做最后一次工程时留下的痕迹。它们是用什么工具来完成这么精细的工作呢？是舌头。

我曾经试图往巢里面灌水，看看会有什么后果，可是水一点儿也流不到巢里去。这是因为斑纹蜂在巢上涂了一层唾液，这层唾液像油纸一样包住了巢。在下雨的日子里，巢里的小斑纹蜂就再也不会被弄湿了。

斑纹蜂一般在3、4月筑巢。那时候天气不大好，地面上也缺少花草。它们在地下工作，用嘴和四肢代替铁锹和耙子。当它们把一堆堆的泥粒带到地面上后，巢就渐渐地做成了。最后，它们再用它们的铲子——舌头给巢涂上一层唾液。当温暖的5月到来时，地下的工作已经完成，和煦的阳光和灿烂的鲜花也开始向它们招手了。

田野里到处可以看到蒲公英、野蔷薇、雏菊等，在花丛里尽是些忙忙碌碌的蜜蜂。它们带上花蜜和花粉后就兴高采烈地回去了。一回到自己的"城市"里，它们就会立即改变飞行方式，很低地盘旋着，好像对这么多外观酷似的地穴产生了迟疑，不知道哪个才是自己的家。但是，没过多久，它们就认清了自己留下的记号，准确无误地快速钻了进去。

斑纹蜂也像其他蜜蜂一样，每次采蜜回来，先把尾部塞入小巢，刷下花粉，然后一转身，头部钻入小巢，把花蜜洒在花粉上，这样就把劳动成果储藏起来了。虽然它们每一次采的花蜜和花粉都微乎其微，但是经过多次采运，积少成多，小巢内已经变得很丰盈了。接着，斑纹蜂就开始动手制造一个个"小面包"——"小面包"是我给那些精巧的食物起的名字。

斑纹蜂开始为未来的子女们准备食物了。它们把花粉和花蜜搓成一粒粒豌豆大小的"小面包"。这种"小面包"和我们吃的小面

斑纹蜂开始为未来的子女们准备食品了。它们把花粉和花蜜搓成一粒粒豌豆大小的"小面包"。

包大不一样：它的外面是甜甜的蜜质，里面充满了干花粉，这些花粉不甜，没有味道。这外面的花蜜是小斑纹蜂成长早期的食物，里面的花粉则是它们成长后期的食物。

雌斑纹蜂做完了食物就开始产卵。它们不像别的蜜蜂产了卵后就把小巢封起来，它们还要继续去采蜜，并且看护小宝宝。

小斑纹蜂在母亲的精心照顾下渐渐长大了。当它们作茧化蛹的时候，雌斑纹蜂就用泥把所有的小巢都封好。在雌斑纹蜂完成这项工作以后，也到了该休息的时候。

如果没有什么意外的话，在两个月之后，小斑纹蜂们就能像它们的妈妈一样去花丛中玩耍了。

温厚长者和小强盗

可是，斑纹蜂的家并不像想象中那样安逸，在它们周围埋伏着许多凶恶的强盗。其中有一种蚊子，虽然小得微不足道，却是斑纹蜂的劲敌。

这种蚊子是什么样的呢？它的身体不到1/5寸长，眼睛是红黑色的；脸是白色的；胸甲是黑银灰色的，上面有5排微小的黑点，长着许多刚毛；腹部是灰色的；腿是黑色的，像一个又凶恶又奸诈的杀手。

在我所看到的这一群斑纹蜂的活动范围内，就有许多这样的蚊子。这些蚊子先找一个地方隐蔽起来，等到斑纹蜂携带着花粉过来时，就紧紧地跟在后面，打转、飞舞。忽然，斑纹蜂俯身一冲，冲进自己的屋子。蚊子也立刻跟着在洞口停下，头向着洞口，就这样等几秒钟，纹丝不动。

斑纹蜂和蚊子常常这样面对面，彼此只隔一个手指那么宽的距离僵持着，但都显得十分镇定。斑纹蜂这温厚的长者，只要它愿意，完全有能力把门口那个破坏自己家庭的小强盗打倒，可以用嘴把它咬碎，可以用刺把它刺得遍体鳞伤，可它没有这么做，任凭那小强盗安然地埋伏在那里。至于那小强盗呢？虽然有强大的对手在自己眼前虎视眈眈，可它丝毫没有畏惧的样子。

不久，斑纹蜂就飞走了，蚊子便开始行动了。它飞快地进入巢中，像回到自己的家里那样不客气。现在，它可以在这储藏着许多粮食的小巢里胡作非为了。因为这些巢都还没有封好，它从容地选好一个巢，把自己的卵产在那个巢里。在主人回来之前它是安全的，谁也不会来打扰它，而在主人回来之时，它早已完成任务，逃之夭夭了。它会再在附近找一处藏身之地，等待着第二次机会。

几个星期之后，让我们再来看看斑纹蜂藏在巢里的花粉团吧，我们将发现这些花粉团已被吃得一片狼藉。在藏着花粉的小巢里，我们会看到几只尖嘴的小虫在蠕动着——它们就是蚊子的幼虫。在它们中间，我们有时候也会发现几只斑纹蜂的幼虫，它们本该是这房子的真正主人，却已经饿得很瘦很瘦了。那帮贪吃的入侵者剥夺了本该属于它们的一切。这些可怜的小东西渐渐地衰弱，渐渐地萎缩，最后竟完全消失了——那凶恶的蚊子幼虫竟一口一口把这些尸体也吞了下去。

小斑纹蜂的母亲虽然常常来探望自己的孩子，可是它似乎并没有意识到巢里已经发生了天翻地覆的变化。它从不会把这些陌生的幼虫杀掉，也不会把它们抛出门外，只知道巢里躺着自己亲爱的小宝贝。它认真小心地把巢封好，好像自己的孩子正在里面睡觉一样。其实，那时巢里已经什么都没有了，连那蚊子的宝宝也早已趁机飞走了。

多么可怜的母亲啊！

老门警

斑纹蜂的家里如果没有遇到意外，也就是说没有像刚才我说的那样被蚊子偷袭，那么它们大约应有10个姐妹。为了节约时间和劳动力，它们不再另外挖隧道，只要把母亲遗留下来的老屋拿过来继续使用就可以了。大家都客客气气地从同一个门口进出，各自做着自己的工作，互不打扰。不过，在走廊的尽头它们有各自的家，每一个家包括一群小屋，那是它们自己挖的，不过那走廊是公用的。

让我们来看看它们是怎样工作的吧。当一只采完花蜜的斑纹蜂从田里回来的时候，它的腿上沾满了花粉。如果那时门正好开着，它就会立刻一头钻进去。因为它忙得很，根本没有时间在门口徘徊。有时候会有几只斑纹蜂同时到达门口的情况，可那隧道的宽度又不允许两只蜂并肩而行，尤其是在大家都满载花粉的时候，只要轻轻一触就会让花粉都掉到地上，半天的辛勤劳动就都白费了。于是，它们立了一个规矩：靠近洞口的一只赶紧先进去，其余的在旁边排队等候。第一只进去后，第二只跟上，接着是第三只，第四只，第五只……大家都排着队很有秩序地进去。

有时候也会碰到这样的情况：一只蜂刚要出来，而另一只正要进去。在这种情况下，那只要进去的蜂会很客气地让到一边，让里面的那只蜂先出来。每只蜂在自己的同类面前都表现得非常有礼貌。有一次，我看到一只蜂已经从走廊到达洞口，马上要出来了，忽然又退了回去，把走廊让给刚从外面回来的蜂。多有趣啊！这种

谦让的精神实在太令人佩服了。有了这样一种精神，它们的工作才能高效进行。

让我们睁大眼睛仔细观察吧，还有比这更有趣的事呢！当一只斑纹蜂从花田里采了花粉回到洞口的时候，我们可以看到一块堵住洞口的活门忽然落下，开出一条通道来。当外面的蜂进去以后，这活门又升上来把洞口堵住。同样，当里面的斑纹蜂要出来的时候，这活门也是先降下，等里面的斑纹蜂飞出去后，又升上来关好。

这个像针筒的活塞一般忽上忽下的"活门"究竟是什么呢？这是一只蜂，是这所房子的门警。它用自己的大头挡住了洞口。当这所房子的居民要进进出出的时候，它就把"门闩"一拔，也就是说它立刻退到一边，那儿的隧道

靠近洞口的一只斑纹蜂先进去，其余的在旁边排队等候。

特别宽敞，可以容得下两只蜂。当别的蜂都通过了，这"门警"又回来用头挡住洞口。它一动不动地守着门，是那样地尽心尽责，除非它不得不去驱除一些不知好歹的不速之客，否则它是不会离开岗位的。

当这位"门警"偶尔走出洞口的时候，我们趁机仔细地看看它吧。我发现它和其他蜂几乎一样，不过它的头长得很扁，衣服是深黑色的，并且有着一条条的纹路，身上的绒毛已经看不出来了，本该有的那种美丽的红棕色花纹也没有了。这套破烂的"衣服"似乎告诉了我们一切。

这只用自己的身躯挡住门口充当门警的斑纹蜂看起来比谁都显得苍老。事实上，它正是

这是一只蜂，是这所房子的门警。

这座房子的建筑者，现在的工蜂的母亲，现在的幼虫的祖母。就在3个月之前，它还挺年轻的，那时候它正辛苦地建筑这座房子。现在它算是年老退休了，不，这不是退休，它还要发挥余热，用余力来保护着这个家呢！

你还记得那警惕的小山羊的故事吗？它从门缝里往外张望一下，然后对门外的狼说："你是我们的妈妈吗？请你把白腿伸给我看，如果你的腿是黑色的，我们就不开门。"

我们这位老祖母的警惕性绝不亚于那小山羊。它对每一位来客说："把你的黑脚伸给我看，否则我就不让你进来。"

只有当它认出这是自己的家庭成员时才会开门，否则是决不会让任何外来者进到家里的。

你看，在洞旁走过一只蚂蚁，那是一只大胆的冒险家，它很想知道这个散发着一阵阵蜂蜜香味的地方究竟是怎样的。

"滚开！"老斑纹蜂说道。

蚂蚁被它吓了一跳，悻悻地走开了。也幸亏它走开了，如果仍逗留在蜂房周围的话，老斑纹蜂就要离开自己的岗位，飞过去不客气地追击它了。

也有一种不擅长挖隧道的蜂，那就是樵叶蜂。它要寻找别人已经挖掘好的隧道，斑纹蜂的隧道对它来说再适合不过了。那些以前受蚊子偷袭、被蚊子占据的斑纹蜂的巢一直是空着的，因为蚊子让它们家绝了后，整个家族都已经败落了。于是，樵叶蜂就可以顺理成章地占据这个空巢。为了找到这样的空巢，以便放那些用枯叶做成的蜜罐，这帮樵叶蜂常到我的这些斑纹蜂的领地里巡视。有时候它们似乎找到目标了，可还没等站稳脚，它们的嗡嗡声就引起了斑纹蜂门警的注意。门警立刻冲出洞来，告诉樵叶蜂这洞早就有主人

208

了。樵叶蜂明白了它的意思，立即飞到别处去找房子了。

有时候没等门警出现，樵叶蜂就已经迫不及待地把头伸了进去。于是，做门警的老祖母立刻把头顶上来塞住通路，并且发出一个严厉的信号，以示警告。樵叶蜂立即明白了这屋子的所有权，很快就离开了。

有一种"小贼"是樵叶蜂的寄生虫，有时候会受到斑纹蜂的教训。有一次，我亲眼看到它受了一顿重罚。这鲁莽的家伙一进隧道便为非作歹，以为自己进了樵叶蜂的家了。可是很快，它发现自己犯了一个大错误，它闯进的是斑纹蜂的家。它碰到了守门的老祖母，受到一顿严厉的惩罚，于是急忙往外逃。同样，如果其他野心勃勃又没有头脑的傻瓜想闯进斑纹蜂的家，毫无疑问也将受到同样的待遇。

有时候，守门的斑纹蜂也会和另外一位老祖母发生争执。7月中旬是斑纹蜂们最忙碌的时候，这时候我们会看到两种迥然不同的蜂群：老蜂和年轻的母蜂。年轻的母蜂又漂亮又灵敏，忙忙碌碌地从花间飞到巢里，又从巢里飞向花间。而那些老蜂已经失去了活力，只是从一个洞口踱到另一个洞口，看上去就像迷失了方向找不到自己的家一样。这些流浪者究竟是谁呢？它们就是那些受了可恶的小强盗蒙骗而失去家庭的老斑纹蜂。当初夏来临的时候，老斑纹蜂终于发现从自己的巢里钻出来的是可恶的蚊子，这才恍然大悟，痛心疾首，可是为时已晚，它已经变成了无家可归的孤老，只好委屈地离开自己的家，到别处去另谋生路——看看哪一家需要一个管家或是需要一个门警。可是，那些幸福的家庭早已有了自己的祖母来打点一切了，而且这些老祖母往往对外来找工作、抢自己饭碗的老蜂心存敌意，会给它一个不客气的答复。的确，一个家只需要一

它们有的是被蜥蜴吃掉了，有的是饿死了，有的是老死了，还有的是万念俱灰，心力衰竭而死。

个门警就足够了，来了两个的话，反而会把那原本就不宽敞的走廊给堵住。

有时候，两个老祖母之间真的会发生一场恶斗。当流浪的老蜂停在别家门口的时候，这家的看门老祖母一方面紧紧守着门，一方面张牙舞爪地向外来的老蜂挑战。败的那一方往往是那身心疲惫、悲伤孱弱的老孤蜂。

这些无家可归的老蜂后来怎样了呢？它们一天一天衰老下去，数量也渐渐变少了，最后全部绝迹了。它们有的是被蜥蜴吃掉了，有的是饿死了，有的是老死了，还有的是万念俱灰，心力衰竭而死。

至于那守门的老祖母，它似乎从来不休息，在清晨天气还很凉快的时候就已经开始站岗了；到了中午，正是工蜂们采蜜工作最忙的时候，许许多多的斑纹蜂从洞口飞进飞出，老祖母仍旧守护在那里；到了下午，外边很热，工蜂都不去采蜜，留在家里建造新巢，这时候老祖母仍旧在守着门。在这种闷热的时候，它连瞌睡都不打一下，当然它也不能打瞌睡，这个家的安全可都靠着它呢。

到了晚上，甚至是深夜，别的蜂都休息了，那老祖母还像白天一样忙，防备着夜里的盗贼。

在它的小心守护下，整个蜂巢的安全可以一直维持到5月以后。如果蚊子来抢巢，让它们来吧，老祖母会立即冲出去和它们拼个你死我活。但是，蚊子不会来，因为在明年春天到来之前，它们还只是卵呀！

虽然没有蚊子，但其他的寄生虫也很多，它们也很可能来侵犯蜂巢。但是，奇怪的是，我天天认真观察那个蜂巢，却从没有在它的附近发现什么蜂类的敌人。整个夏天它都平安无事，可见那些暴徒已深知老祖母的厉害，同时也可见老祖母是如何地警觉了。

读后感悟

斑纹蜂的巢穴或许没有螳螂和胡蜂的精美和坚固，不过斑纹蜂的妈妈实在是让人敬佩不已。在孩子小的时候，它会为孩子们准备好精美的"小面包"；当孩子长大后，它又充当起老门警，时刻保护着孩子们的安全，只要有敌人胆敢侵犯，它会和它们拼命。这个老门警多么像我们的父母呀！父母把最好的都留给孩子，一旦孩子遇到危险，他们会不惜一切代价保护孩子，所以我们一定要尊敬我们的父母啊！

石　蚕

很多人对石蚕的印象只是一种水里的昆虫，可以在水中自由来去，但是你知道它们在水中是如何控制自己的身体进行上浮下潜的吗？

我请人在我的屋里修了一个室内池塘，池塘四周镶着玻璃，所以我又把它叫作"玻璃池塘"。我往玻璃池塘里放了一种叫"石蚕"的很小的水生动物，在学术上应该说它们是石蚕蛾的幼虫。平时它们都很巧妙地隐藏在一个个枯枝做成的小鞘之中。

石蚕本来是生长在泥潭沼泽中的芦苇丛里的一种昆虫，大部分时间就栖息在芦苇的断枝上，随芦苇在水中漂泊。那些枯枝做成的小鞘就是它们的可移动的房子，也可以说是它们在一生的旅程中随身携带以便晚上休息用的简易房子。

它们的移动房子简直是一件精巧的编织艺术品，是用被水浸透后腐蚀、脱落下来的植物的根皮做成的。在搭窝的时候，石蚕用牙齿把这种根皮一点点儿撕成粗细适当的纤维，然后把这些纤维巧妙地编成一个大小合适的小鞘，让自己能够藏身于其中。

有时候，它们也会用一种很小的贝壳做成一个小鞘，这个小鞘对石蚕来说就好像一件小小的百衲衣；有时候，它们会把米粒堆积起来，做成一个象牙塔一样的窝，这算是石蚕最华丽的住宅了。

暴徒的袭击

那些小鞘不但是石蚕休息的场所，还是它们防御敌人的工具。我曾在我的玻璃池塘里看到过有趣的一幕，深切地体会到了那个看上去不起眼的小鞘的重要作用。

玻璃池塘的水中原本生活着十来个水甲虫，它们游泳的样子让我觉得很有意思。有一天，我向池塘里撒下两把石蚕，正好被潜伏在玻璃池塘水中的水甲虫看见了。它们立刻游到水面上，很快就抓住了石蚕的小鞘，小鞘里面的石蚕感觉到此次敌人来势凶猛，抵抗占不到什么便宜，就想出了一个妙计——金蝉脱壳，它从小鞘中溜了出来，一会儿工夫就逃得无影无踪。

凶猛的水甲虫自以为得逞，于是一直狠狠地撕扯着那个小鞘，最后才发现里面的石蚕早已跑掉了。本以为已经到手的食物却没有了，它们才显出沮丧懊恼的神情，把空空的小鞘丢下，去别处觅食了，走的时候还带着几分留恋，也许还在想象着在这个小鞘里会有一只多么美味的石蚕吧！

水甲虫也许不会知道，此时那只石蚕早已逃到了一块石头底下，在重新制造一个新的小鞘，这个新的小鞘也许会再次救它的命。

潜水艇

一只只石蚕在玻璃池塘的水中自由遨游，它们就好像是一队潜水艇，有时上浮到水面，有时下潜到水底，有时又神奇地停留在水中央。它们还可以摆动自己的"舵"，随意控制航行的方向。

这让我不禁想起我曾经做过的木筏，我想石蚕的小鞘是不是就像木筏一样，或者里面有类似浮囊的东西，使它们可以上浮下

水甲虫立刻游到水面上，很快就抓住
了石蚕的小鞘。

潜呢？

　　我把石蚕的小鞘剥去，把石蚕和小鞘分开放在水上。结果小鞘和石蚕都沉下去了。这真是不可思议。后来我发现，当石蚕在水底休息的时候，它把整个身体都塞进小鞘里；而当它想浮到水面上的时候，就拖带着小鞘爬上芦梗，然后把前半身伸到小鞘外面，这时小鞘内的后部就出现了一点儿空间，石蚕就可以顺利地浮到水面上。就好像在它身上装了一个活塞，往外拉的时候里面就有了一截空气柱。这一段里面有着空气的小鞘就像救生圈一样，靠着里面空气的浮力，石蚕不至下沉。所以，石蚕不用死死地抓住芦苇枝或者水草，便可以浮到水面上晒晒太阳，也可以在水底溜达溜达。

　　不过，石蚕并不是很善于游泳，它们转身和拐弯时的动作看上去相当笨拙。这是因为它们只靠自己伸出小鞘之外的那一段身体作为舵桨，没有其他任何辅助工具。当在水面上晒足了太阳，它们就缩回前身，把小鞘里面的空气排出，慢慢地潜到水底了。

　　我们人类制造了潜水艇，石蚕也有自己的小小的潜水艇。它们能自由地上浮下潜，或者在水中央停留——当慢慢地排出小鞘里的空气的时候。虽然石蚕并不懂物理学，可它们完全靠着本能便把小小的鞘造得这样精巧。大自然所支配的一切，永远是那么巧妙和谐。

　　石蚕可能并不知道在水中浮潜原来有着那么复杂的原理，这只是大自然赋予它们的一项本能。这让我们不得不佩服大自然的巧妙。其实，生活中有很多的动植物都有其独特的本领，如果我们能细心观察，说不定也会有一些不平常的发现。要知道，大自然就是最好的老师。

松 毛 虫

在很多时候，作者对昆虫都是不吝赞美的，不过对于松毛虫，却是批评多于赞美，甚至直接说它们很愚蠢。松毛虫究竟做了什么事情让作者有如此的评价呢？

有人说，羊是世界上最愚蠢的动物。因为不管头羊往哪儿走，其他羊总是头也不抬地跟在后面。若头羊掉进大海，其他羊依然会前仆后继地往海里冲。

其实，松毛虫也是这样，第一条松毛虫爬到哪里，其余的松毛虫也排成整整齐齐的行列爬到哪里。那场面还真壮观呢！

松毛虫们排成一列，像一条连绵不断的长带子，每条松毛虫都与前后的同伴首尾相接。领头的松毛虫东爬西爬，画出曲曲折折的路线，其余的松毛虫也一丝不苟，照葫芦画瓢。领头的松毛虫是临时指挥官，它的头总是摆来摆去，把身体的前半部分一会儿伸向这里，一会儿伸向那里。它似乎是在探测地形、了解情况，又似乎是徘徊不前、犹豫不决。

它之所以这样，是因为它的前面缺少了一根指引道路的丝线，又因为它肩负着为整个家族寻找食物的重任。反而跟在它后面的松毛虫非常安静，脚底下的丝线使它们心里非常踏实。而指挥官显然没有这种待遇，所以它恐慌不安。

曾有人做了一个试验，将领头的松毛虫拿开，想看一看它们的队伍有什么变化。但是，什么变化也没有，因为第二个松毛虫马上接替了前任指挥官的职务，行使起指挥官的职责，行进的队伍一如既往地前进着。

如果把"丝带"从中间挑断也无关紧要。行进队伍马上出现了两个互不依赖、各自独立的首领。后面的队伍有可能与前面的会合，因为两者之间的距离很短。如果把后面的引到另一个方向，那么它们就变成了两个互不相干的队伍。

还有人做了一个有趣的试验，用一根松毛虫的丝线做引导，使它们的队伍首尾相接。奇迹出现了，松毛虫的行进行列马上变成了一个圆圈，所有的松毛虫在圆圈上不假思索地、毫不犹豫地一边吐丝一边行进着。它们从不怀疑这是一个圈套，因为前后相接，没有首领，也就没有了意志，它们变成了机器的齿轮，一直持续地转着圈。

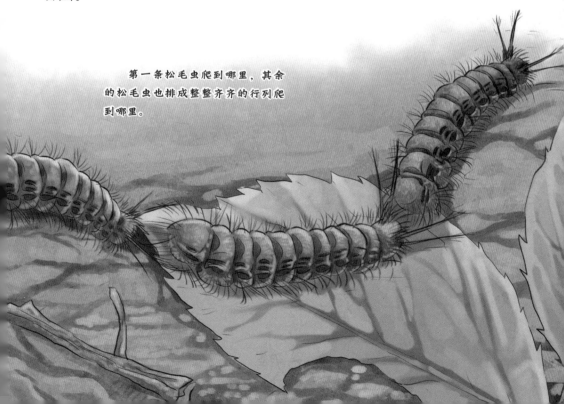

第一条松毛虫爬到哪里，其余的松毛虫也排成整整齐齐的行列爬到哪里。

　　进餐的时间到了。在松毛虫圈子的外面就有一大片青翠欲滴的松树林，只要它们走出圈子，就可以马上吃到这些美味，饱餐一顿。但是，这些可怜的松毛虫却不知道这么做，它们太相信自己的丝线了，对眼前的那根丝线唯命是从。

　　转悠了几乎大半天的时间，松毛虫们受不了了。它们走圈子走得精疲力竭，饿得衰竭不堪，寒冷也让它们蜷缩起来。有些松毛虫心力交瘁、有气无力，跟不上队伍行进的速度了。这时候，如果它们不因循守旧，敢于走出一条新的路子，马上就可以逃出圈子，获得自由，但这些松毛虫没有这样做。固执和守旧使松毛虫损失惨重，一部分由于饥饿、寒冷、疲倦倒在了行进途中。

　　同伴的死亡引起了松毛虫队伍的一阵混乱，死亡的威胁使一些强壮大胆的松毛虫开始东张西望，它们似乎在寻找一条生路。终于，一只松毛虫走出了圈子，其他的立即跟随着它前进。在它的带领下，它们找到了松叶，开始狼吞虎咽地吃起来。你瞧，这些松毛虫就是这么愚蠢！

　　因为领路人的失误，松毛虫的整个队伍陷入了困境，它们根本不知道自己在转圈圈，因为它们始终相信前面的伙伴，这样的结果就是死亡。在死亡威胁下，一些胆大的松毛虫开始有了自己的想法，它们认为是领路人带错了路，于是大胆尝试，终于走出了死亡之圈。其实，在批评一些松毛虫的时候，我们也应该向那些不走寻常路的松毛虫学习。它们就像那些敢于挑战权威的人，不墨守成规，敢于提出自己的想法，这些人值得我们尊重和学习，历史往往也是这些人书写的。